아주 특별한 해부학 수업

我的十堂大體解剖課

아주 특별한 해부학 수업

허한전 지음
리추이칭 정리
김성일 옮김

시대의창

몸을 기증한 사람들과
몸을 해부하는 사람들의 이야기

아주 특별한 해부학 수업

초판 1쇄 2019년 2월 20일 발행
초판 2쇄 2019년 4월 2일 발행

지은이 허한전
인터뷰 정리 리추이칭
옮긴이 김성일
펴낸이 김성실
책임편집 박성훈
교정교열 고혜숙
표지 디자인 이창욱
본문 디자인 책봄
제작처 한영문화사

펴낸곳 시대의창   **등록** 제10－1756호(1999. 5. 11)
주소 03985 서울시 마포구 연희로 19－1
전화 02)335－6121   **팩스** 02)325－5607
전자우편 sidaebooks@daum.net
페이스북 www.facebook.com/sidaebooks
트위터 @sidaebooks

ISBN 978－89－5940－688－3 (03400)

잘못된 책은 구입하신 곳에서 바꾸어드립니다.

이 도서의 국립중앙도서관 출판시도서목록(CIP)은
서지정보유통지원시스템 홈페이지(http://seoji.nl.go.kr)와
국가자료공동목록시스템(http://www.nl.go.kr/kolisnet)에서 이용하실 수 있습니다.
(CIP제어번호: CIP2019002022)

　처음 만난 사람들은 내가 해부학 교수라고 하면 대부분 놀라거나 믿지 않는다. '연약한' 여자가 어떻게 그런 어렵고 무시무시한 일을 하는지 이해가 안 된다는 표정이다. 해부학은 심오하고 복잡한 학문이며 인체를 해부하는 일이라서 의학과 관계없는 사람들에게는 생소하고 신비한 분야일 것이다. 대부분 사람들은 해부에 대해 호기심과 두려움을 가지고 있어 "해부학 교실에서는 대체 어떤 일들이 일어날까? 무시무시한 일이 일어나는 것은 아닐까?" 하고 궁금해한다. 2년 전 마침 이를 독자들에게 알려줄 기회가 왔다. 바치원화八旗文化 출판사에서 해부학 교실에서 벌어지는 이야기를 책으로 출판해준 것이다. 그리고 영광스럽게 이제 이 책을 한국 독자들에게도 소개하게 되었다.

　츠지 대학교 의대의 해부학 수업은 매우 특별하다. 우리는 단순히 해부학 지식만 가르치는 데 그치지 않고, 학생들이 사람을 존중하고 생명을 이해할 수 있도록 인간적 관심과 배려를 담아 인체 구조를 가르친다. 세상을 떠나 싸늘하게 식은 시신을 존중할 줄 안다면 살아 있는 생명도 소중히 여길 것이다. 이는 훌륭한 의사가 반드시 갖추어야 할 조건이다.

이 책은 '과학' 서적이다. 대부분의 과학 서적은 과학의 난해함과 문장의 가독성 사이에 부딪치는 부분이 많아 읽기가 쉽지 않다. 해부학 역시 한 권의 책에 쉽게 설명하기 어렵다. 하지만 이 책에서 언급한 기관이나 구조는 모든 사람이 갖고 있기 때문에 그다지 생소하지 않을 것이다. 해부학 지식과 일상이 만나는 부분을 조명하려고 시도한 것도 이런 이유에서다. 의학을 모르는 독자들도 이 책을 보면 별 거리감 없이 편하게 읽을 수 있을 것이다. 게다가 해부학 지식까지 덤으로 맛볼 수 있다.

이 책에서는 삶과 죽음을 탐구한다. 해부학 지식으로 가득 찬 이 책이 타이완에서 인기가 높은 것은 '시신 스승'의 따뜻한 사연을 더했기 때문이다. 해부 교육은 생명의 여러 형태와 의미를 생각하게 한다. 시신 스승들은 실습에 투입되는 순간까지 몇 년 동안 특별한 형식으로 삶을 지속하며 의대생들과 특수한 사제 관계를 맺고 미래의 의사들을 말없이 몸소 지도한다. 2017년에 나온 디즈니 만화영화 〈코코Coco〉에 이런 대사가 나온다. "죽음은 삶의 종착역이 아니다. 진정으로 죽는 순간은 다른 사람에게 잊혔을 때다." 시신 스승들은 항상 우리 마음속에 살아 있다.

우리 사회에서 '죽음'은 금기된 화제다. 우리는 죽음과 마주하고 싶지 않다. 죽음이 눈앞에 다가오면 두려움에 떨며 어쩔 줄 몰라 한다. 그래서 시신 스승이 아직 살아 있을 때 신체를 기증하겠다고 내리는 결정은 정말이지 매우 무겁고 어려운 선택이다. 해마다 우리는 새로운 시신 스승과 만나며, 시신 스승과 그의 가족의 큰 사랑과 희생을 피부로 느낀다. 이처럼 깊고 큰 사랑으로 기증된 시신 앞에서 우리는 조심스럽고 감사한 마음으로 최선을 다해 가르치고, 학생들은 열심히 공부한다.

이 책을 한국 독자들에게 소개해준 시대의창 출판사에 감사드린다. 한국의 독자들도 이 책을 통해 신비로 가득한 육안해부학과 우리 몸의 구조를 이해하면 좋겠다. 의학 교육의 현장에서 우리가 얼마나 성실하게 미래의 의사들을 길러내는지, 우리가 어떻게 '말없는 좋은 스승'의 희생을 저버리지 않으려고 노력하는지 알아주면 좋겠다. 그리고 주변 사람들과 죽음에 대해 이야기하는 것을 꺼려하지 않으면 좋겠다. 죽음에 대해 생각하고 이야기하면서 우리는 생명에 대한 깊고 큰 깨달음을 얻을 수 있다고 나는 믿는다.

허한전 何翰蓁

| 차례 |

일러두기
• 주요 해부학 용어는 주로 국립국어원의 《표준국어대사전》에 따라 표기했습니다.
• 본문 하단의 주석은 모두 옮긴이 주입니다.

특별한 스승

첫 번째 수업: 육안해부학

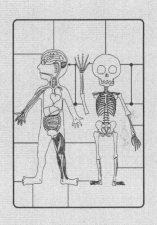

의과대학에는 아주 특별한 방법으로 '전도傳道·수업授業·해혹解惑'*을 실행하는 스승들이 있다. 그분들은 학생들에게 교육의 질도 뛰어나고 학비도 저렴한 '육신을 던진 가르침'을 준다.

우리는 그분들을 '시신 스승'이라 부른다.

내가 재직하고 있는 츠지慈濟** 대학교 의대에서는 이분들을 '말 없는 좋은 스승無語良師'이라고 높여 부른다.

이 스승들은 목숨이 다한 뒤 기꺼이 자신의 몸을 내줘 세상에

---

*   도리를 전해주고 지식을 전수하며 의문을 풀어준다는 뜻으로, 당나라의 문인 한유韓愈의 〈사설師說〉에서 스승의 역할을 이른 말.

**   불교의 자선단체인 츠지 공덕회慈濟功德會가 1994년 타이완 화롄花蓮에 설립한 대학으로 의대와 생명과학대가 유명하다.

사랑을 남긴 분들이다. 의대생들은 이 시신들을 해부하며 의사의 꿈을 키운다.

중국에는 사후 자신의 주검이 온전히 보존되기 바라는 문화가 있어서 옛날에는 자발적으로 기증한 해부용 시신이 극히 드물었다. 의대의 해부용 시신은 대부분 객사한 연고 없는 시체거나 배우자나 직계 친족이 없는 영예국민榮譽國民*들의 시신이었다. 이런 시신들은 3일간의 공고 기간이 지나도 찾아가는 사람이 없으면 의대에 보내져 방부 처리된다.

시신 방부 처리란 포르말린(37퍼센트의 폼알데하이드 용액), 페놀, 알코올, 글리세린 그리고 물을 배합해 만든 방부제에 시신을 담그거나 이를 혈관에 주사하여 오랜 시간이 지나도 부패하지 않도록 만드는 것을 말한다. 전통적인 처리 방식은 혈관에 방부제를 주입한 시신을 다시 10퍼센트의 포르말린 용액에 담그는 것이다. 포르말린에 담그는 방식으로 처리한 시신은 코를 찌르는 냄새 때문에 눈물 콧물 없이는 수업을 할 수 없을 정도다. 하지만 상태가 별로 좋지 않은 시신에는 이 방법을 쓰는 것이 효과적이다. 초기에 의대에서는 대부분 포르말린에 담그는 방식으로 방부 처리했다. 실험실에 작은 수영장 크기의 콘크리트 수조

---

* 국민당 군대에서 복무하다가 장제스蔣介石가 내전에서 패하고 타이완으로 퇴각한 뒤 퇴역하여 타이완에 거주한 군인. 보통 영민榮民이라 부른다.

를 설치해 포르말린을 가득 채운 뒤 이름표를 단 시신을 한 구한 구 그 안에 담근다. 그리고 나무판으로 눌러 시신이 오랜 시간 포르말린에 담가져 충분한 방부 효과를 볼 수 있도록 한다.

시신을 포르말린에 담그는 방식으로 처리하면 수업하기 전에 시신을 건져내 세척해야 하는데, 우리 대학에서는 이를 시신 스승에 대한 예의가 아니라고 여겨 개교 초에 건식乾式 보존 방식을 채택하는 선례를 만들었다. 먼저 시신 스승을 깨끗이 소독하고 나서 대략 14리터의 방부제(4퍼센트의 폼알데하이드 함유)를 혈관에 주입한 다음, 섭씨 15.6도를 유지하는 개별 공간에 한 구씩 일정 시간 안치하여 포르말린이 시신의 조직에 충분히 스며든 뒤에 학생들이 해부할 수 있도록 했다.

사체는 몸의 표면과 창자 안의 세균 때문에 보통 섭씨 20도 전후에서 48시간이 지나면 시반屍斑(사후 반점)이 뚜렷이 나타나고 악취를 풍긴다. 당시 시신 스승 절대다수는 연고 없는 남성 사체였다. 시신을 발견했을 때는 이미 부패가 시작되었을 것이다. 그런데 발견하고 3일간의 공고 기간을 거친 뒤 찾아가는 사람이 없으면 비로소 의대에 보내져 해부 수업에 쓰였으므로 일찍이 방부 처리된 해부용 시신은 대부분 상태가 좋지 않았다.

내가 다른 학교에서 조교로 근무할 때 썩은 냄새가 진동하는 사체 한 구가 들어와 이를 방부 처리한 적이 있었다. 조직이 분해되기 시작할 정도로 상태가 심각해 사체 냄새에 익숙해진 우리도 견디기 힘들 정도였다. 동물의 사체가 부패할 때 단백질 분해 과정에서 생기는 악취 앞에서는 마스크도 무용지물이었다. 사체를 방부 처리할 때 세 사람이 번갈아 밖에 나가 토하면서 겨우 일을 마칠 수 있었다.

옛날에는 시신 스승을 확보하기 어려워 수십 명의 학생들이 시신 한 구를 가지고 실습했다. 요즘에도 상당수 의대에서는 열 몇 명의 학생들이 시신 한 구로 실습하는데, 많은 인원이 해부대 앞에 밀집하여 북적대다 보니 모두들 직접 해부해볼 기회가 없어 학습 효과가 떨어진다.

육안해부학과 모의 수술

츠지 대학의 의대생은 행운아들이다. 츠지 대학은 1995년에 자발적으로 시신을 기증한 첫 번째 '말 없는 좋은 스승'을 모시게 된 것을 시작으로 츠지 기금회를 설립한 정옌證嚴 법사의 감화를 받은 많은 사람이 사후 시신 기증을 원했다. 그 결과 지금까지 시신기증동의서에 서명한 사람이 3만 명이 넘으며, 남녀 비율은 2 : 3으로 과거 여성의 시신이 부족했던 상황이 크게 개선되었다. 모두 학생들의 해부 실습에 필요한 고귀한 자원들이다. 이렇게 많은 사람의 신임과 기증으로 실습용 시신이 충분히 확보되어 네다섯 명의 학생이 시신 스승 한 분으로 실습하면서 충분한 해부 경험을 쌓을 수 있게 되었다.

게다가 모두 자발적으로 기증한 시신이라서 보존 상태가 양호해 학생들이 실습하기에 좋다. 기증된 시신을 '말 없는 좋은 스승'으로 모시기 위해 학교에서는 상당히 엄격한 기준을 세웠다. 학교와 말 없는 좋은 스승의 가족 간에 '기증 시의 시신 상태에 대한 규정'(예를 들면 큰 수술을 받은 적이 있거나, 중요한 장기를 이식했거나, 중요한 재건 수술을 받았거나, 큰 상처가 아물지 않은 시신은 받지 않는다)에 서명하는 것은 기본이고, 학교에서는 신체 조직과 기관이 괴사하기 전에 방부 처리하여 모든 부위의 구조가 최대한 생전의 상태에 가깝도록 반드시 사후 스물네 시간 안에 유해를 학교로 보내달라고 가족들에게 당부한다.

포르말린으로 방부 처리한 '말 없는 좋은 스승'은 주로 3학년 학생들의 해부 교육에 쓰인다. 일부 시신은 포르말린 방부 처리를 하지 않고 바로 급속 냉동하는데, 이는 6학년의 임상 해부와 모의 수술 교육에 쓰인다. 모의 수술에 쓰이는 시신을 포르말린 방부 처리하지 않는 까닭은 포르말린 용액이 단백질을 응고시켜 시신이 딱딱해지기 때문이다. 그래서 살아 있는 인체 조직과 유사한 상태로 학생들이 임상 수술을 할 수 있도록 포르말린 방부 처리하지 않은 시신을 사용한다.

모의 수술에 사용하는 시신에 대한 규정은 더 엄격하다. 시신은 반드시 사후 여덟 시간 안에 츠지 대학으로 보내 영하 30도로 급속 냉동해야 한다. 수업 3일 전에 해부에 관련된 잡무를 돕는 해부 기사가 시신을 꺼내 해동하는데, 이 시신 스승은 포르말린 고정固定을 거치지 않아서 피부가 딱딱하지 않고 조직의 질감이 살아 있는 인체에 가깝다. 다만 체온, 심장박동, 호흡, 혈류 등 생리 현상이 없을 뿐이다.

이 학습 과정은 의대생들에게 매우 중요하다. 7학년* 학생들은 모두 병원에서 실습하며 치료와 수술 방법을 상세히 익힌다. 의사 옆에 바짝 붙어 따라다니며 세심히 관찰하면 원리와 기술은 익힐 수 있지만 실제로 학생 자신이 병상을 돌며 치료할 때는 많은 요령이 필요하다. 이런 요령은 눈으로 본다고 해서 터득할 수 있는 것이 아니다.

기도 유지가 필요하거나 인공호흡기 치료가 필요한 환자에게 기관 내로 튜브를 넣어 기도를 확보하는 시술인 기관 내 삽관氣

---

* 타이완의 의대 학제는 1949년에 7년제로 개편되어, 7학년 때는 학생의 신분으로 병원에서 실습했다. 그런데 아직 의사 신분이 아니라서 주사 처치 등 의료 행위를 하는 것 자체가 의료법에 위반된다는 의견에 따라 2013년도 신입생부터 6년제로 개편했다. 이 책에 나오는 7학년은 학제 개편 전인 2012년 이전에 입학한 학생들이다.

管內揷管을 예로 들어보자. 의사들이 시술하는 것을 많이 보았어도 막상 자신이 시술할 때 삽관 각도가 맞지 않으면 환자에게 고통을 주게 된다. 환자에게 공기가슴증*이 있거나 가슴안(흉강胸腔)에 물이 찼을 때는 반드시 늑간肋間(갈비뼈와 갈비뼈 사이)에 가슴림프관(흉관胸管)을 넣어 가슴안의 압력을 낮추거나 물을 빼내야 한다. 가슴림프관을 넣는 정확한 위치를 판단하고 가슴안의 중요한 구조를 상하지 않게 하려면 숙련된 기술이 필요하다. 하지만 의사가 현장에서 환자를 치료할 때는 긴급한 상황이므로 실습생에게 모든 과정을 다 지도해주기란 쉽지 않다.

환자에게 시술하기 전에 미리 시신 스승의 몸에서 연습할 수 있다면 시술에 필요한 기술과 요령을 익히게 되어 살아 있는 환자를 연습 대상으로 삼는 일은 생기지 않을 것이다. 우리 학교에는 졸업생들이 학교에 돌아와 그동안 쌓은 지식과 경험을 나누는 프로그램이 있는데, 모두들 학생 시절에 응급 처치 모의 실습을 하여 이와 관련된 기술을 익힌 덕분에 자신 있게 일할 수 있었다며 감사하다고 말한다.

시신 스승은 현재 공부하는 학생들에게만 공헌하고 있는 것이 아니다. 레지던트나 주치의도 필요하다면 신청해 시신 스승

---

* 　기흉氣胸. 허파에 구멍이 생겨 가슴막안에 공기나 가스가 고이게 되는 질환.

을 모실 수 있다. 몇 년 전, 간호사를 포함한 병원의 간 이식수술 팀이 완벽한 이식수술을 위해 포르말린 방부 처리를 하지 않은 시신 스승을 특별히 신청하여 모의 수술을 하면서 최적화된 수술 절차를 찾아내는 데 성공한 바 있다.

시신 스승은 도구가 아닌 사람이다

육안 해부 교육에 쓰이는 시신 스승은 사후 스물네 시간 안에, 모의 수술에 쓰이는 시신 스승은 여덟 시간 안에 도착해야 한다. 하지만 의학을 전공하는 터라 이런 요구가 필요하다는 것을 이해하지만 정서상으로는 차마 할 수 없는 일이다.

시신 스승의 가족은 부모형제나 가까운 혈족이 세상을 떠났는데 간단한 영결식을 치를 겨를도 없이 슬픔을 누르고 냉정을 되찾아 기증 절차를 밟아야 한다. 대학에 연락하고 구급차를 불러 사랑하는 이의 시신을 흔들리는 차에 싣고 되도록 빠른 시간 안에 대학이 있는 화롄花蓮까지 보내 방부 처리를 하거나 급속 냉동한 뒤 1~4년을 기다려야 한다. 어디 인정상 할 짓인가?

시신 스승이나 가족이나 마음속에 대자대비한 큰 사랑을 품고 있지 않다면 어떻게 이런 일을 할 수 있겠는가?

이처럼 깊고 큰 사랑으로 기증된 시신 앞에서 우리가 어떻게 황송한 마음을 가지지 않을 수 있으며, 어떻게 고인의 고귀한 뜻을 저버릴 수 있겠는가!

학생들이 육안해부학을 공부하면서 해부 지식만 배울 게 아니라 대인관계와 처세도 배우면 좋겠다. 해부대 위에 놓인 시신을 학습 '도구'로만 여기지 말고, 여러분이나 나처럼 희로애락의 감정을 가지고 있고 사연을 가진 '사람'으로 여기면 좋겠다.

그래서 우리 학교는 육안 해부 과정을 앞둔 여름방학에 학생들이 가정방문을 하도록 가르친다. 시신 스승의 가족을 찾아뵈어 앞으로 몸을 던져 가르침을 주실 시신 스승이 어떤 분인지 알게 하자는 것이다.

그전에 다른 학교 의대에서 조교로 근무할 때 학생들이 해부대 위의 시신 스승을 단순한 학습 도구로만 여기는 것을 보고 분개한 적이 있다. 아마도 긴장을 감추기 위해서였거나 별 생각 없이 그랬겠지만, 학생들이 가끔 경솔한 태도로 시신에 대해 농담하며 은혜에 감사하는 마음을 조금도 가지고 있지 않은 것을 보고는 화를 참을 수 없었다. 학생들에게 한 학기 동안 실습 기회를 제공한 그 시신들 가운데 그나마 운이 좋은 시신만이 학기말 시험이 끝난 뒤에 해체된 팔다리와 몸통이 모두 함께 시신 운반용 부대에 담겼다. 그런데 시신이 어떻게 처리되는지 묻는 학생은 없었다. 당시에는 뒤처리를 담당하는 해부 기사가 부대에 담긴 시신을 화장터에 보내 화장했다. 이때 학생들의 눈에 시신은 단순한 학습 도구일 뿐이었다.

나는 엄격한 과학 교육을 받았고, 지금은 해부 교육을 맡고 있다. 이치대로 하자면 가족들이 시신을 기증하도록 격려해야 마땅하다. 하지만 조교로 근무할 때 학습 현장에서 학생들이 냉담하고 무관심한 태도로 시신을 대하는 방식을 본 뒤로, 우리 어머니가 시신기증동의서에 서명하면서 내가 가족 동의란에 서명하기를 바랐지만 나는 결사반대했다. 사랑하는 어머니가 차마 눈 뜨고 볼 수 없을 정도로 참혹하게 '사용'되었다가 마지막에는 폐기물처럼 대충 싸여 처리될 것을 생각하니 칼로 에는 듯 마음이 아팠다. 나는 도저히 동의서에 서명할 수 없었다.

나의 이런 태도는 츠지 대학에서 학생들을 가르치면서 바뀌었다. 시신 스승에 대한 학교의 태도가 매우 신중했고, 학생들에게도 시신 스승을 신중하게 대할 것을 요구했기 때문이었다.

학생들이 시신 스승을 '물품'처럼 대하지 않고 '사람'으로 대했으면 좋겠다. 의사는 사람의 생명을 구하는 직업이지 않은가. 학생들이 앞으로 의술을 베풀 때 어진 마음으로 환자들을 보살피고, 자신들이 대하는 상대가 살아 있는 기관의 조합체가 아니라 '사람'이라는 사실을 알았으면 좋겠다.

후진들이 유능하기를

우리 학교에서는 학생들에게 반드시 시신 스승의 집에 가정 방문을 하도록 가르친다. 교단 아래에 앉아 있는 아이들이 모두 대학생이라는 것을 알지만 그래도 가정방문을 하기 전에 주의를 환기시키지 않을 수 없다. 물론 교수들이 자신들을 어린애 취급하며 잔소리를 해댄다고 불평할지도 모르지만 학생들에게 시신 스승 댁을 방문할 때에는 사전에 연락하라든가 단정한 복장을 하라는 등 세세한 주의 사항을 시시콜콜 당부한다.

우리가 이렇게 신중하게 하는 데는 다 까닭이 있다.

시신 스승은 혈관에 포르말린을 주입한 뒤 3, 4년간 시신 보관실에 보관했다가 해부 실습에 투입된다. 바꾸어 말하자면 시신 스승은 학생들이 입학하기 전부터 조용히 학생들을 기다리고 있었던 것이다.

우리 학교 시신 보관실은 복도를 사이에 두고 해부 교실과 마주 보고 있다. 복도를 따라 길게 난 대형 유리 창문은 평소에 나무로 만든 미닫이문으로 가려 있다. 시신 보관실은 기숙사처럼 이층침대로 되어 있는데 시신 스승들은 그곳에 가지런히 누워 있다. 유리 창문을 가리고 있는 미닫이문을 열면 시신 스승들의 윤곽이 어렴풋이 보인다.

시신 보관실에서 기다리는 3, 4년 동안 해마다 청명절이나 설날, 시신 스승의 생일, 기일이 되면 가족들이 찾아와 멀리서 바라보며 인사드린다. 어떤 가족들은 시신 보관실 바깥벽에 붙어 있는 시신 스승의 명패 옆에 그리운 마음을 가득 적은 메모지나 카드를 남기기도 한다. 나는 가끔 복도를 걸으며 가족들이 시신 스승에게 남긴 쪽지를 보면서 남몰래 뜨거운 눈물을 흘리곤 한다.

최근 몇 해 동안 나는 자주 시신 보관실 앞 복도를 거닐었다. 시신 보관실 안에 우리가 '쭝셴 아빠'라고 부르는 지인 차이쭝셴蔡宗賢이 있기 때문이다. 그가 아직 살아 있을 때였다. 마음을 평화롭게 해주는 그의 웃는 얼굴도 보고, 열정적으로 설파하는 그의 살아온 이야기도 들을 겸해서 학생들을 데리고 찾아간 적이 있다. 그는 살아생전 치과의사였다. 소아마비 장애를 가지고 있었지만 더없이 아름다운 마음을 지닌 그는 불편한 몸으로 매주 벽지를 찾아다니며 의료봉사를 했다. 8년 동안 한 번도 쉬지 않고 그가 다닌 거리는 32만 킬로미터가 넘었다. 하지만 하늘이 그에게 더 이상의 시간을 허락하지 않았는지 한창때인 장년의 나이에 병사하고 말았다. 그는 사후에 시신을 기증했다.

그의 명패 옆에는 괴발개발 서툰 글씨로 쓴 여러 장의 메모지가 붙어 있다.

"아빠, 안녕하세요. 아버지날*을 축하해요. 아빠가 저에게 잘해주서서 저는 열심히 공부하고 있어요. 걱정하지 마세요."

"아빠, 지금 저세상에 계시지요? 아빠를 사랑해요. 계속해서 우리 아빠가 되어주시면 좋겠어요."

구구절절 뼛속 깊이 새겨진 그리움이 넘쳐흐른다. 정이 가득 담긴 이런 쪽지는 헤아릴 수 없을 만큼 많고, 여러 차례 보았지만 볼 때마다 눈시울이 뜨거워지며 내게 지워진 책임이 무겁고 크다는 사실을 새삼 깨닫게 된다.

시신 스승의 가족들은 사랑하는 가족의 시신이 정식으로 해부 실습에 투입되기 전까지 마음을 졸이며 기다린다. 3, 4년이 지나 정말로 '그 순간'이 오면 가족들의 마음은 매우 착잡할 것이다. 우리 학교에서는 여러분의 사랑하는 가족인 시신 스승을 살아 있는 사람처럼 신중하게 대한다는 사실을 알고 안심하면 좋겠다.

육안해부학 교육과정을 시작하기 전에 학교에서는 정식으로 시신 투입 의식儀式을 거행하며 시신 스승들의 가족을 초대한 자리에서 학생들이 열심히 공부하겠다고 약속하도록 이른다.

---

* 타이완의 아버지날은 8월 8일이다. 그날을 아버지날로 정한 이유는 숫자 '八八'과 아버지란 뜻의 글자 '爸爸'의 발음이 'ba'로 서로 비슷하고, '八八'을 위아래로 붙여 쓰면 '父' 자가 되기 때문이다.

여름방학에 가정방문을 한 다음 각 조의 학생들은 시신 스승의 일생을 정리한다. 그리고 시신 투입 의식을 거행하기에 앞서 이 특별한 스승을 소개하는 시간을 갖는다. 시신 스승들은 저마다 감동적인 사연을 가지고 있다. 그들의 넓고 큰 사랑과 도량은 모두를 감동시킨다.

시신 스승 한 분은 생전에 가족들에게 다음과 같은 말을 했다고 한다.

"내가 많이 배우지는 못했지만 의대생들의 말 없는 좋은 스승이 될 수 있다고 생각하니 기쁘다. 정말 기쁘다."

또 한 분의 시신 스승은 임종을 앞두고 다음과 같이 중얼거렸다고 한다.

"수업하러 가야지……." "3일……."

듣기에는 임종 전에 한 별 의미 없는 말 같았는데, 3년 뒤 시신을 해부 실습에 투입하기 전에 학생들이 가정방문을 하자 가족들은 임종 전 고인의 말에 대한 자신들의 생각을 들려주었다.

"하늘의 하루가 인간세상의 3년이라서 3일이라고 말씀하신 것 같아요."

이 시신 스승의 누님은 특별히 시 한 수를 지어 가족들의 염원이 무엇인지 밝혔다.

"하늘나라에서는 3일인데 인간세상에서는 벌써 3년이 되었구나. 좋은 스승이 되길 간절히 원하는 것은 후진들이 유능한 인재가 되길 바라기 때문이라네."

이처럼 깊고 무거운 부탁과 기나긴 기다림은 바로 '오직 후진들이 유능한 인재가 되길 바라기 때문'이라는 이 한마디를 위해서가 아닐까?

시신 스승 소개를 마치고 나면 시신 투입 의식을 거행한다. 간단하지만 성대하고 장중한 종교의식이다. 의대생들은 시신의 몸을 덮고 있는 왕생피往生被*를 걷어내 가족들이 고인의 모습을 보며 참배할 수 있도록 한다. 가족들은 3, 4년 만에 망자를 가까이서 보는 것이다.

시신 투입 의식을 마친 뒤 간단한 다과회를 열어 학생들과 시신 스승의 가족들이 서로 대화하는 시간을 갖는다. 어떤 가족은 "어머니가 아프지 않도록 살살 해주세요"라고 간곡히 부탁한다. 어떤 가족은 "걱정 말고 마음대로 해부하세요. 잘 배우는 것이 중요하니까"라고 호탕하게 말한다. 학생들이 세심하고 신중하기를 바란다는 말이든 대담하기를 바란다는 말이든 둘 다 좋은 격려의 말이다.

---

* 망자의 업보와 죄가 소멸되고 극락왕생하기 바라는 마음에서 시신을 덮는 천.

환자를 가족처럼

가정방문을 하고, 시신 투입 의식을 치르고 나면 학생들은 마치 에너지를 가득 충전한 것처럼 두 눈이 초롱초롱 빛나고 생기가 넘치며 앞으로 명의가 되겠다는 뜻을 확고히 한다.

하지만 의대의 교과과정은 정말 힘들다. 그중에서도 해부학은 극도의 엄격함을 요하는 과목이다. 투입 의식을 거행한 직후 거세게 끓어올랐던 열정은 학기가 시작되고 나면 스트레스로 점차 식어가고 피로와 좌절감이 그 자리를 대신한다. 하지만 시신 스승이 학생들 마음에 심어준 사명감이 초심을 잃지 않도록 일깨워주리라고 믿는다.

우리 학교는 다른 학교에서 초기에 썼던 것과는 다른 방법을 쓰고 있다. 다른 학교에서는 해부 과정이 끝나면 산산이 흩어진 부위를 그대로 화장했다. 하지만 우리 학교에서는 시신 스승을 원래의 모습으로 되돌려놓도록 가르친다. 해부하면서 절단한 사지와 몸통, 절개선을 일일이 봉합하고, 적출한 장기 역시 제자리에 되돌려놓는다. 이때 적출한 장기가 다른 시신 스승들의 장기와 뒤죽박죽 섞이지 않게 하는 것은 물론이다. 이렇게 적절하게 처리한 뒤 다시 가족을 모시고 영혼을 제도濟度하는 의식을 거행한 다음 개별적으로 화장한다.

학생들은 학기 말에 한 학기 동안 함께한 시신 스승을 성심껏 봉합한 뒤에야 한숨 돌린다. 하지만 이제 헤어져야 한다는 생각에 마음이 착잡해져 눈물을 흘리는 학생들도 있다.

많은 학생이 육안해부학 교과과정 덕분에 시신 스승들의 가족과 두터운 정을 맺는다. 일부 시신 스승의 가족은 마치 학생들을 자신의 가족이나 후배처럼 생각하고 먹을 것을 보내주기도 한다. 어떤 학생들은 시신 스승의 가족들과 연락하며 정기적으로 해부 진도를 알려주기도 하고, '할아버지, 이모'라고 부르며 친밀하게 지내기도 한다. 몇 년 전에는 한 졸업생이 시신 스승의 가족을 자신의 결혼식에 초청했다는 말을 들은 적도 있다.

시신 스승이 학생들에게 해부 지식과 경험만 전해주지는 않는다. 그들은 미래의 의사들에게 '환자를 가족처럼 대하는' 이상적인 의사 상像이 무엇인지 깨닫게 해준다. 학생들은 장차 의사가 되어 환자를 치료할 때 더욱 온화하고 자상하게 환자와 그 가족을 대할 터이다.

초심을 잃지 말아야 한다

츠지 대학 해부학과는 대사루大捨樓 건물 안에 있다. 1층은 모의 의학센터다. 모의 의학센터에서 2층 해부 교실로 올라가는 계단참의 벽면에 붓글씨로 큼지막하게 '捨' 자가 적힌 네온 광고판이 있는데, 그 아래에는 다음과 같은 글이 적혀 있다.

"여러분이 내 몸에 메스를 대는 그날이 바로 나의 바람이 이루어지는 날입니다."

시신 스승 리허전李鶴振이 생전에 의대생들에게 남긴 격려의 글이다.

리허전 선생은 췌장암 환자로, 62세에 세상을 떠났다. 그는 자신이 췌장암 말기라는 사실을 알고 나서 자신의 시신을 의대에 해부용으로 기증하겠다고 결심했다. 그리고 그때부터 화학적 치료와 수술을 거부했다(우리는 환자들이 시신을 기증하기 위해 적극적인 치료를 포기하는 것을 장려하지 않는다. 치료를 위해 부분 절개 수술을 한 경우 상처가 아물면 시신을 기증할 수 있다. 암 환자가 화학적 치료나 방사능 치료를 받아도 시신을 기증하는 데 아무런 문제가 되지 않는다). 자신의 육신을 가장 완전한 상태로 보존하여 학생들이 실습하도록 해주고 싶었던 것이다.

그는 심련心蓮 병실(츠지 병원의 호스피스 병동)에 입원하고 있을 때 시신기증동의서에 서명했다. 교수들은 당시의 1학년 학생들이 대략 3학년 때쯤에 그의 시신을 해부하게 될 것으로 예상하고 1학년 학생들을 데리고 그를 예방했다. 그는 생전에 학생들과 대면한 몇 안 되는 시신 스승 가운데 한 분이다.

당시의 상황을 녹화한 영상 자료가 있다. 영상 자료를 보면 리허전 선생은 병마에 시달려 창백하고 초췌한 얼굴을 하고 코에 산소 콧줄을 꽂고 있지만 평온하고 침착한 모습이다. 그가 떨리는 목소리로 미소를 띠며 의대생들에게 "여러분이 내 몸에 메스를 대는 그날이 바로 나의 바람이 이루어지는 날입니다"라고 말한다. 이 장면을 보는 내 가슴은 먹먹해졌고, 뺨에는 뜨거운 눈물이 흘러내렸다.

그의 바람이 무엇인지 학생들이 알기를 바라기에 이 귀중한 영상을 학생들에게 보여준다. 그리고 이 영상을 볼 때마다 스스로에게 말한다. 해부 교육에 대한 초심을 잊지 말고 기술과 덕을 겸비한 명의를 세상에 배출하라고.

타이완 대학교 공중보건대학에서 2013년에 의대생들을 대상으로 한 조사 보고서에 따르면 '사람의 생명을 구하는 성취감' 때문에 의대를 선택한 학생은 6퍼센트밖에 되지 않았다. 대부분은 삶의 질을 제고하고자 의대를 선택했으며, 과를 택할 때는 의료 분쟁이 많은지 적은지 등을 고려했다.

전통 사회의 관념에 따르면 의사는 보통 사람들이 쳐다볼 수 없는, 신도 부러워하는 최고의 직업이었다. 하지만 시대가 달라졌다. 이제 의사도 옛날 같지 않다. 걸핏하면 환자에게 고소당

해 법정에 서야 한다. 어느 의과대학이든 간에 학생들은 돈도 많이 벌고 생활의 질도 높일 수 있는 오관五官과 관련된 안과, 구강과, 이비인후과를 선택하려고 한다. 의료 분쟁이 많고 업무 스트레스가 큰 과는 모두 기피한다. 그러다 보니 내과, 외과, 산부인과, 소아과의 4대 과가 텅텅 비게 되었다. 그 위에 응급의학과를 더한다면 5대 과가 텅텅 비게 되는 것이다.

의사들도 보통 사람이다. 학생들의 선택을 이해할 수 있다. 하지만 나는 뜨거운 피를 가진 청년들이 '죽음에 처한 사람을 구하고 다친 사람을 돌보는' 사명을 가지고 이 분야에 뛰어들기를 마음속 깊이 바란다. 우리 같은 살아 있는 스승들만 바라는 것이 아니라 시신 스승들도 간절히 바라며, 끊임없이 우리를 일깨워주고 있다고 나는 확신한다.

불안한 첫 집도

두 번째 수업: 손 해부

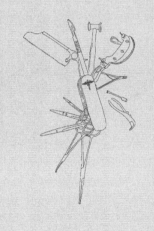

정식으로 메스를 잡기 전에 학생들은 먼저 개강 시험을 치른다. 교수들은 인체 모형이나 골격 표본을 가지고 시험문제를 내고, 학생들은 제한된 시간 안에 정확한 답을 써야 한다. 정상적인 인체는 206개의 뼈와 약 640개의 근육을 가지고 있다. 학생들은 뼈와 근육의 명칭을 알아야 하고, 근육이 수축할 때 골격이 어떻게 움직이는지 이해하기 위해 그 골격에 붙어 있는 근육이 시작되는 위치와 끝나는 위치를 확실히 기억해야 한다. 학생들은 개강하기 전의 여름방학에 이런 기초 지식을 익혀야 한다.

이런 복잡한 내용을 외우는 것은 참으로 피곤한 일이다. 하지만 의대생들은 총명하므로 노력한다면 이 정도는 어렵지 않게 극복할 수 있다. 사실 진짜 어려운 도전은 메스를 잡는 일이다.

고등학교 때 자연계를 선택한 학생들은 아마도 개구리를 해부한 적이 있을 것이다. 그리고 영재반이나 과학반 학생들은 실험용 쥐를 해부한 경험이 있을 것이다. 하지만 이런 경험은 '인체'를 해부하는 것에 비하면 새 발의 피다. 지식의 문턱만 높아진 게 아니라 심적 부담을 극복해야 한다는 과제까지 겹치기 때문이다.

그래서 대학 3학년 학생들이 처음 메스를 잡을 때면 4학년 선배들이 참여해 심리적으로 안정되도록 돕는다. 우리 학교는 원래 '소小 조교' 제도가 있어 조별로 한두 명의 선배를 붙여 시간이 날 때마다 실험실에 와서 후배들을 지도하도록 한다. 첫 메스를 잡을 때는 소 조교만 오는 게 아니라 한 기 위의 선배들 대부분이 실험실에 들어가 후배들과 함께한다. 이들은 모두 경험자로 이 과목이 얼마나 어려운지 잘 알고 있기 때문이다.

인체의 신비를 알게 되는 출발점

실험실에는 반짝반짝 광이 나는 스테인리스 해부대가 세 줄로 늘어서 있고, 그 위에는 열두 분의 시신 스승이 누워 학생들의 실습을 기다리고 있다.

처음으로 시신을 마주 대하는 학생들에게 실험실의 분위기는 엄숙하면서도 야릇하다. 학생들은 저마다 개성이 다르다. 어떤 학생들은 자기가 첫 번째로 메스를 잡겠다고 하고, 어떤 학생들은 서로 먼저 하라고 양보한다. 어떤 개성을 가졌던 간에 학생들은 평소보다 긴장한 상태다. 그들의 그런 모습을 보면 육안해부학과 첫 인연을 맺은 때가 생각난다.

나는 다른 해부학 교수들과는 다른 배경을 가지고 있다. 나는 대학과 대학원 모두 동물학과를 나왔는데, 대학에서 여러 생물을 해부학적으로 비교 연구하여 생물 진화의 과정을 알고자 하는 비교해부학을 공부하면서 해부에 흥미를 가지게 되었다. 그래서 석사학위를 받은 후 타오위안桃園 현에 있는 창경長庚 대학의 해부학 조교 초빙 공고를 보고 응모했다.

하지만 난 경험이 없어서 해부학과 과장과 면담할 때 불안하여 물었다.

"저는 육안해부학을 공부한 적이 없는데 자격이 될까요?"

그러자 과장이 이렇게 대답했다.

"관계없어요. 하나만 묻겠습니다. 두려운가요?"

"두렵지 않습니다. 두려워할 이유가 없지요."

나는 고개를 저으며 대답했다. 대부분의 사람들은 시신을 마주 대하면 심리적 부담이 생긴다. 하지만 나는 전형적인 자연과학도여서 그런지 정말로 아무렇지도 않다.

"두렵지 않으면 됩니다. 다른 것들은 배우면 다 쉽게 해결할 수 있는 문제니까요."

그런데 첫 번째 시신 해부 때 나는 사뭇 긴장했다. 시신에 대한 두려움 때문이 아니라 준비가 충분치 않은 것 같아서였다. 여름방학 내내 공부하고 해부도를 자세히 들여다보았지만 감당하지 못할까봐 걱정되었다.

다행히도 학교에 들어간 그 해에 나는 정충밍鄭璁明 교수님의 시범 팀원이 되었다. 정 교수님은 솜씨가 출중해서 해부를 깔끔하게 해냈다. 나는 그의 조교가 되어 옆에 바짝 붙어 따라다니며 적지 않은 요령을 배워 탄탄한 기초를 닦을 수 있었다.

정 교수님은 인체 과학에 매혹된 분이다. 해부 때마다 인체 구조를 보면서 "정말 아름답구나!" 하며 연신 찬탄하신다.

정말 그렇다. 인체뿐만이 아니다. 이전에 비교해부학을 공부할 때 연골軟骨어류, 경골硬骨어류, 양서류, 파충류, 조류, 포유류 등의 척추동물을 해부하면서 찬탄을 금할 수 없었다. 해부하면서 근육이 어떻게 움직이고 어디에 붙어 있는 구조인지, 신경과 혈관이 어떤 식으로 나뉘거나 합쳐져 그것이 지배하거나 공급되는 곳에 이르는지 내 눈으로 직접 볼 수 있었다. 조직 하나하나, 기관 하나하나가 일사불란하게 각자 맡은 바 임무를 다하는데, 그 정밀하고 복잡함에 경탄하지 않을 수 없었다. 생명과학이나 의학을 공부하는 사람들은 아마 이런 신비함에 생명에 대한 강렬한 경외감이 용솟음칠 것이다.

타이완 대학 동물연구소*에서 석사과정을 밟을 때 내 연구과제는 전자현미경으로 실험용 쥐의 정자 내 세포 기관의 변화를 관찰하여 정자세포의 변형 과정에서 생기는 각 세포 기관의 변화와 그 생리적 의미를 형태학의 각도에서 분석하고 종합하는 것이었다.

그 후 나는 미국에 유학해 코넬 대학교에서 박사과정을 밟았다. 내가 신청한 분야는 생리학이었다. 하지만 지도교수는 수의대학 해부학과 소속의 여교수였다. 교수님의 지도로 나는 미국에서 손꼽히는 코넬 대학 수의학과에서 해부학, 조직학, 영상의학 등의 학문을 임상 사례와 결합하고 이를 취합하는 방법을 배울 수 있었는데, 이는 뒷날 대학에서 학생들을 가르치는 데 큰 도움이 되었다.

어쩌면 독자 여러분은 그게 해부와 무슨 관계가 있느냐고 의문을 제기할지도 모르겠다.

---

* 타이완이나 중국에서는 대학원을 연구소라고 한다.

대부분의 사람은 '해부' 하면 직감적으로 '절개削'를 떠올린다. 하지만 '해부학'은 사실 단순한 절개가 아니라 생명체의 형태를 그려내는 과학이다. 육안해부학은 주로 인체의 서로 다른 기관과 구조의 특징을 육안으로 관찰하는 학문이다. 그런데 한 걸음 더 나아가 상피조직, 신경조직, 근육조직 등 조직의 형태나 세포의 특징을 연구하려면 광학현미경이나 전자현미경과 같은 기기機器를 이용해야 제대로 관찰할 수 있다. 조직학 또한 '형태를 그리는 과학'이어서 해상력解像力이 더욱 높은 현미경으로 관찰해야 한다. 그래서 조직학을 '현미경 해부학'이라고도 부르는데, 이 역시 해부학의 한 분야다.

귀국하고 나서 오늘에 이르기까지 나는 츠지 대학에서 해부학과 조직학을 가르치고 있다. 해마다 불안하기 짝이 없는 '육안해부학의 신인들'을 보면 그 옛날의 내 자신을 회상하게 된다. 이 과목은 버겁고 스트레스가 큰 학문이지만 인체의 오묘함을 이해할 수 있는 기회를 주기도 한다. 모쪼록 학생들이 열심히 공부하기를 바란다. 과정은 고생스럽겠지만 이 '배움의 여행'에서 우리는 큰 수확을 거둘 것이다.

기초가 중요해

첫 수업 시간에는 먼저 기구를 소개하고 정확하게 사용하는 방법을 가르친다.

주된 기구는 '메스'라고 하는 수술칼이다. 손잡이와 날로 구성되어 있는데, 메스 날은 매우 날카로우며 교환이 가능하다. 학생들이 처음 메스를 잡는 모양새는 천태만상이다. 대부분 양식을 먹을 때 나이프를 드는 것처럼 메스를 잡는다. 물론 이는 정확한 방법이 아니다. 교수들은 연필을 쥐는 것처럼 메스를 잡도록 가르친다. 이것이 안정되고 정확한 방법이다. 처음에는 모두들 익숙하지 않은 데다 여러 사람이 달라붙어 서로 도우려 하다 보니 걸핏하면 자신이 베거나 다른 사람에게 상처를 입힌다. 처음 몇 주 동안은 피를 본 학생들의 상처를 싸매주느라 정신이 없을 정도다.

처음 메스를 잡는 학생들에게 가슴 정중앙을 절개해 큰가슴근(대흉근大胸筋)과 관련된 구조를 하나하나 해부하도록 가르친다. 흉부 정중앙의 피부 깊숙한 곳에는 피하지방이 적어서 메스를 더 깊이 집어넣으면 복장뼈(흉골胸骨)에 닿는다. 너무 깊이 절개해 심층 조직을 상하게 할까봐 걱정할 필요는 없다. 그곳이 처음 메스를 잡고 절개할 수 있는 가장 이상적인 부위니까 말이다. 메스 날의 마모율은 아주 높다. 수업할 때마다 학생들에게 새 메스 날을 나누어주지만 대략 두세 시간이 지나면 무뎌진다.

수술 도구에는 메스 말고도 크기와 호도弧度가 서로 다른 가위, 집게(겸자), 핀셋이 있다. 큰 가위는 근육을 자르거나 신경과 혈관을 자르는 데 쓰인다. 작은 가위는 구조를 관찰하기 좋게 열어젖히는 데 쓰인다. 집게는 원래 임상에서 혈관 양끝에 끼워 지혈하는 데 쓰는 도구다. 하지만 방부 처리한 시신 스승은 피를 흘리지 않기 때문에 주로 피부를 젖힐 때 미끈거리는 지방이 작업을 방해하지 않도록 피부를 고정하는 데 집게를 사용한다. 관찰하기에 좋고 관찰을 마친 뒤에는 해부하기 편하게 학생들에게 지혈집게로 피부를 집어 고정하도록 가르친다.

일반인들은 수평으로 가위질을 하므로 손 자세가 수평이 된다. 그런데 수술할 때 조직을 열어젖히는 작은 가위는 수직으로 세워 사용하므로 손 자세가 수직이 된다. 학생들이 처음 해부를 할 때는 가위 잡는 동작이 서툴다. 하지만 한 학기를 보내고 나면 능숙하게 작은 가위를 수직으로 사용하게 되며, 심지어 너무 습관이 든 나머지 일상생활에서 가위를 잡을 때도 무의식적으로 손 자세를 수직으로 하게 된다. 이런 장면을 보면 웃음을 참을 수가 없어 가끔 농담을 던진다.

"그러다가 육안해부학 과정을 마치고 나면 가위도 제대로 못

잡는 것 아냐?"

이런 기구 외에 학생들에게 탐침探針도 제공한다. 탐침은 휘어진 가늘고 긴 스테인리스강 스트립strip으로, 공동空洞*이 시작되는 부분과 끝나는 부분을 관찰하거나 신경의 주행 방향을 추적할 때 쓰인다. 부주의하여 신경을 절단하는 일이 일어나지 않도록 신경이나 혈관의 주행 방향을 따라 탐측한다.

이런 기구들은 항상 사용해야 하므로 해부대 옆의 카트에 가지런히 정돈해놓는다. 이 외에 갱 소gang saw(두 개의 반원형 톱날이 평행으로 달려 있으며, 척수를 관찰할 때 척주를 자르는 데 쓰인다), 갈비뼈 절단용 가위(한 쪽은 갈고리 모양, 다른 한 쪽은 반달 모양으로 된 특수 기구로 허파를 상하지 않고 측면에서 갈비뼈를 자를 수 있다), 뼈톱(단단한 뼈대를 자르는 데 쓰인다. 예를 들면 뇌를 관찰할 때 먼저 머리뼈를 톱으로 잘라야 한다), 망치, 끌 같은 특수 기구가 있다. 이것들은 항상 사용하는 기구가 아니므로 캐비닛에 보관했다가 필요할 때 꺼내 쓴다.

학기말에 시신 스승을 봉합하여 원래의 모습으로 돌려놓는데, 이때 학생들에게 지침기持針器, 바늘, 봉합사縫合絲, 지침기와 구조가 비슷한 지혈집게를 나누어준다. 지혈집게는 아래에 고리가 있어 구부러진 형태의 바늘을 집어 봉합할 때 쓴다.

---

* 염증이 생기거나 괴사가 일어나는 등 여러 원인에 의해 장기 조직이 붕괴되어 밖으로 나오거나 흡수되어 만들어진 일정한 공간.

냄새와 질감

시신 스승이 모두 포르말린 고정固定을 거쳤기 때문에 실험실은 폼알데하이드 냄새로 가득하다. 최근에는 혈액을 조직에서 제거하고, 대신에 포르말린을 주입하는 포르말린 관류灌流 기술이 발달해서 폼알데하이드 냄새가 많이 줄었지만, 만약 옛날처럼 포르말린에 담그는 처리 방법을 쓰고 실험실의 배기나 환기 설비가 부족하다면 냄새는 더욱 심할 것이다. 포르말린 관류 기술이 발달했다고 해도 냄새를 완전히 없앨 수는 없다. 호흡기가 민감한 일부 학생은 수업을 시작하자마자 눈물 콧물을 쏟아대느라 정신을 못 차린다.

폼알데하이드 냄새는 그래도 괜찮은 편이다. 정말 참기 어려운 것은 지방과 포르말린이 혼합되어 나는 냄새다. 개제비쑥 냄새 같기도 하고, 뭐라 말로 표현하기 어려운 짙고 강한 냄새인데, 수업을 마치고 여러 번 손을 씻어도 없어지지 않고 남아 있다. 이 때문인지는 확실히 알 수 없으나 처음 육안해부학을 수강한 학생들은 대부분 수업이 끝난 뒤 식욕을 잃는다. 이는 이 수업을 들으려면 반드시 치러야 할 대가다. 다행히 대다수 학생들은 얼마 뒤에 이 냄새에 익숙해진다.

학생들이 처음 시신 스승을 보면 색깔이 왜 그렇게 어두운지

의아해한다. 시신 스승은 포르말린으로 처리하므로 피부가 갈색으로 변한다. 그뿐만이 아니라 피부의 질감도 마치 가죽처럼 질기게 변한다.

임상에서 환자를 수술할 때 의사들은 되도록 절개 부위를 너무 크지 않게 한다. 살아 있는 사람의 피부는 탄력이 있어 의료용 갈고리hook로 절개 부위를 벌려 시야를 확보할 수 있기 때문이다. 그래서 수술을 마치고 봉합한 절개창은 그리 크지 않다. 하지만 이런 방식은 포르말린 관류 처리한 시신 스승에게는 통하지 않는다. 시신의 피부에 탄력이 없어 당겨지지 않기 때문이다. 그래서 확보하고 싶은 시야만큼 크게 절개해야 한다.

시신 위의 '단추'

첫 시간에는 팔과 관련된 부위를 해부한다. 먼저 팔을 지배하는 신경과 혈관을 자세히 관찰할 수 있도록 흉부의 큰가슴근을 해부한다. 가슴 정중앙을 절개한 다음 흉곽胸廓(가슴, 즉 갈비뼈 아래 가장자리)를 따라 절개하고 피부를 외투처럼 젖히면 큰가슴근이 보인다. 큰가슴근은 흉곽, 복장뼈, 빗장뼈(쇄골鎖骨), 위팔뼈(상완골上腕骨, 상박골上膊骨)에 붙어 있다. 그런 뒤 더 깊은 층의 구조를 관찰하기 위해 큰가슴근이 붙어 있는 부위를 따라 큰가슴근을 절개하고 위팔뼈에 붙어 있는 부분만 남겨둔다.

츠지 대학에는 해부할 때 시신 스승의 몸에서 피부와 근육을 떼어내지 않아야 한다는 원칙이 있다. 일부 의과대학에서는 피부를 잘라 시신 옆에 두는 것을 허용한다. 우리가 보통 사용하는 해부학 실습 지침에도 그렇게 되어 있다. 하지만 츠지 대학에서는 학기말에 시신 스승의 모든 근육과 장기를 원래의 위치에 되돌려놓고 모든 절개선은 봉합해야 한다. 원칙을 지키지 않을 경우, 어떤 부위든지 떨어져나가 다른 것들과 섞이면 모두 비슷하게 생겨서 원래의 위치가 어디인지 알 수 없어 학기말에 원상대로 돌려놓기가 어려워진다. 어쩌면 일부 학교에서는 이런 행위가 불필요한 짓이라고 여길지 모른다. 하지만 나는 개인적으로 이런 규정에 좋은 점이 있다고 생각한다. 해부할 때 학생들에게 더욱 신중하고 세심하도록 가르치면 이들이 앞으로 의술을 베풀 때 많은 도움이 될 것이다.

근육을 적절하게 절개해야 심층의 구조를 관찰할 수 있다. 그래서 우리는 표층表層의 근육과 신경을 어떻게 절개해야 전체가 박리剝離되지 않으면서도 시야를 막아 심층의 구조를 관찰하는 데 방해가 되지 않는지 등을 고려하여 해부 절차와 기교를 자세히 연구해놓았다.

첫 시간에 '버튼button', 즉 단추를 만드는 기교를 학생들에게 가르친다. 큰가슴근을 예로 들어보자. 해부할 때 근육을 관찰할 수 있어야 하는 것은 당연하고, 어떤 신경과 혈관이 이 근육을 지배하는지도 알아야 한다. 그래서 큰가슴근을 해부할 때 이 근육을 지배하는 신경과 공급되는 혈관을 단추 모양의 근육 위에 남겨둔다. 학생들은 먼저 큰가슴근에 공급되는 신경과 혈관을 찾아야 한다. 큰가슴근은 큰 덩어리 하나로 되어 있으며, 신경과 혈관은 근육의 심층을 주행하기 때문에 근육을 젖혀야 신경과 혈관 그리고 심층의 구조를 관찰할 수 있다. 그런데 큰가슴근을 가슴 중앙에서 바깥쪽으로 젖힐 때 자칫하면 신경과 혈관이 끊어질 수 있다. 만약 신경과 혈관이 모두 끊어지면 나중에 복습할 때 신경과 혈관이 어디로 주행하는 구조인지 파악하기 어렵게 된다.

신경과 혈관이 끊어져 뒤죽박죽되는 것을 피하기 위해 신경과 혈관의 본줄기가 큰가슴근으로 들어가는 부분에 직경 약 3센티미터 크기의 근육을 남겨두어 '단추'를 만든다. 이렇게 하면 큰가슴근을 젖혀 관찰할 수 있고 신경과 혈관도 온전히 보존할 수 있어 이 근육을 지배하는 신경과 혈관이 어디에서 오는지 확실히 알 수 있다.

복잡한 팔신경얼기

팔 부위는 5주 동안 해부하는데, 겨드랑이, 위팔, 아래팔, 손의 순서로 한다. 이 중 가장 시간이 많이 걸리는 것은 팔신경얼기(완신경총腕神經叢) 해부다. 팔을 지배하는 모든 신경은 팔신경얼기에서 온다. 팔신경얼기는 제5, 6, 7, 8번 목신경(경신경頸神經)과 제1번 가슴신경(흉신경胸神經)으로 이루어진 신경얼기로, 목(경부頸部)에서 시작해 양측으로 뻗어 빗장뼈 아래를 지나 신경끼리 교차하고 가지 치다가 모아진 뒤 겨드랑이를 지나 팔로 간다.

팔의 모든 신경은 5번 목뼈(경추頸椎)에서 1번 등뼈(흉추胸椎) 사이로 뚫고 나오는 신경의 지배를 받는다. 그래서 목뼈 후방을 다치면 손을 움직일 때 어려워지는데 이는 팔신경얼기가 손상되었기 때문이다.

겨드랑이에는 중요한 신경과 혈관이 많이 있다. 해부를 막 배우는 학생들은 아직 익숙하지 않은 데다 신경과 혈관 주변에 지방이 아주 많아서 겨드랑이를 해부하는 데 가장 많은 시간과 정신력과 체력을 쓴다. 지방은 완충 작용을 해 중요한 조직들을 보호한다. 이 지방과 결합조직을 깨끗이 제거해야 혈관과 신경을 똑똑히 볼 수 있다.

우리 학교에서는 학기말에 시신을 봉합하여 원래 모습으로 되돌려놓기 때문에 근육을 시신에서 떼어내지 말라고 강조한다. 물론 장기도 제자리에 되돌려놓는다. 하지만 지방은 전신에 분포되어 있는 데다 잘게 부서지면 어느 부위에서 떼어낸 것인지 알 수 없어 일일이 제자리에 되돌려놓을 방법이 없다. 그래서 떼어낸 지방을 따로 모아두었다가 학기말에 시신 스승의 관에 함께 넣어 화장한다.

학생들은 개강 전에 이미 해부도를 익힌 상태다. 팔신경얼기 그림은 정교하고 섬세하며 아름답다. 일부 학생은 수업을 듣기 전에는 해부도가 너무 미화된 것이 아닌지 의심하기도 한다. 인체가 어떻게 이처럼 아름다울 수 있겠는가 하는 생각에서다. 하지만 해부를 하면서 인체가 정말로 그렇게 아름답고 신비하다는 사실을 발견하게 된다.

해부도는 학생들이 구별하기 쉽도록 혈관과 신경을 서로 다른 색깔로 표시해놓았다는 점이 실제 인체와 다르다. 하지만 인체 조직의 실제 모습은 이처럼 색깔 차이가 크게 나지 않는다. 더군다나 경험이 적은 학생들에게는 신경과 혈관이 똑같이 생긴 것으로 보여 구별하기 어려울 수 있다.

그래서 학생들에게 핀셋으로 집어 살펴보라고 가르친다. 핀셋으로 집어 살펴보면 신경은 속이 차 있고 혈관은 속이 비어 있다. 질감도 다르다. 하지만 일부 신경과 혈관은 머리카락만큼 가늘어서 핀셋으로 집어서는 차이를 느끼기 어렵다. 이럴 경우 위쪽의 본줄기로 거슬러 올라가 관찰하면 신경인지 혈관인지 판단할 수 있다.

허니문 핸드 질환·마우스 핸드 질환·엄마손 질환

팔신경얼기는 겨드랑이에서 나와 근육피부신경筋肉皮膚神經, 정중신경正中神經, 요골신경橈骨神經, 자신경(척골신경尺骨神經) 등 네 개의 주요 신경을 형성해 팔에 이른다. 이 네 개의 신경을 찾는 일은 그다지 어렵지 않다. 다만 시신 스승의 손이 구부러져 있는데다 피부가 경직되어 주먹을 꽉 쥐고 있기 때문에 피부를 젖히는 실습 진도가 늦어지는 것이 문제다. 그래서 실험실에서는 학생들이 시신 스승의 손을 조금이라도 펴기 위해 마사지하는 모습을 자주 볼 수 있다.

근육피부신경은 주로 위팔의 굽힘근(굴근屈筋)을 지배한다. 모두 알고 있는 위팔두갈래근(상완이두근上腕二頭筋)이 바로 굽힘근 가운데 하나다. 자신의 발달된 근육을 과시할 때 뽀빠이처럼 위로 팔을 굽히는데 이때 위팔에 불룩 솟아오르는 근육이 바로 위팔두갈래근이다. 그리고 이런 동작을 할 수 있는 것은 근육피부

신경의 지배를 받기 때문이다.

정중신경은 아래팔의 굽힘근 대부분과 손바닥, 엄지손가락 쪽 근육을 지배하며, 손목과 손가락을 굽히는 동작을 관장한다. 그리고 손바닥, 엄지손가락, 집게손가락, 가운뎃손가락, 약손가락의 절반 등 손가락 세 개 반 부위의 피부감각을 담당한다.

우리가 자주 듣는 '마우스 핸드mouse hand'와 '손목 터널 증후군'은 정중신경이 압박을 받아 생긴 것이다. '손목 터널'이라고 이름을 붙인 까닭은 손바닥이 위를 향하고 있을 때 손목뼈가 오목한 형태로 배열되고, 옴폭 팬 곳의 양쪽 끝으로 가로손목인대(횡수근인대橫手根靭帶)가 둘러싸고 있는 것이 마치 터널과 같은 구조이기 때문이다. 손가락을 굽히는 힘줄은 정중신경 및 혈관과 함께 아래팔을 지나 손목 터널을 통과해 손바닥으로 들어간다. 이 부분의 결합조직이 과도한 사용이나 압박으로 염증이 생기면 부어올라 두껍게 되어 정중신경을 눌러 통증이 생긴다. 정중신경이 손바닥 3과 2분의 1의 피부감각을 지배하기 때문에 엄지손가락, 집게손가락, 가운뎃손가락 전체와 약손가락의 절반 그리고 그 영역의 손바닥이 시큰거리고 저리거나 통증이 생기는 것이다. 정중신경은 엄지손가락 아랫부분의 엄지두덩(무지구拇指球) 부위를 지배하므로 정중신경이 눌리면 엄지손가락이 힘을 못 쓸 수도 있다.

요골신경은 위팔의 뒤쪽을 지나 위팔세갈래근(상완삼두근上腕三頭筋)과 위팔뼈 사이에 자리 잡고 있는데, 위팔뼈의 가운데에서 아랫부분을 지날 때 나선형으로 안쪽에서 바깥쪽으로 돈 다음 아래팔을 지나 엄지손가락 쪽으로 주행한다. 요골신경은 주로 위팔세갈래근과 아래팔의 관절을 펴는 작용을 하는 근육인 모든 폄근(신근伸筋)을 지배한다.

밤새 아내에게 팔을 내주어 베고 자게 하는 남자들은 '허니문 핸드Honeymoon hand'라는 질환에 걸릴 수 있다. 요골신경이 장시간 압박을 받으면 팔이 시큰거리고 저리며 힘을 잃게 되는데, 이런 현상이 신혼부부에게 자주 일어나기 때문에 '허니문 핸드'라는 별명을 얻게 되었다.

위팔을 베게 했는데 아래팔의 뒷면과 손등까지 시큰시큰 쑤시고 아프며 손목을 곧게 펼 수 없는 것은 요골신경이 압박을 받으면 아래팔의 뒷면에 있는 폄근이 영향을 받기 때문이다. 만약 '허니문 핸드' 질환에 걸렸을 경우 심하지 않으면 더 이상 팔을 내주어 베고 자게 하지 않으면 신경이 눌릴 일이 없으므로 얼마 후에 저절로 좋아진다. 하지만 심하면 전문의에게 치료를 받아야 한다.

요골신경과 관련된 질환 가운데 자주 보이는 것은 속칭 '엄마 손 질환*'이라고 하는 '요골경상돌기 협착성 건초염橈骨莖狀突起狹窄

性腱鞘炎'이다. 엄지손가락을 곧게 펴거나 바깥쪽으로 내뻗는 동작을 자주 하면 엄지손가락 쪽 손목 부위의 긴엄지벌림근(장무지외전근長拇指外轉筋)과 짧은엄지폄근(단무지신근短拇指伸筋)이 영향을 받는다. 자세가 나쁘거나 너무 많이 사용하면 이 두 개의 힘줄을 싸고 있는 힘줄집(건초腱鞘. 힘줄 주위를 보호하는 매끄러운 주머니 모양의 구조)에 염증이 생겨 부어올라 두껍게 되거나 심지어는 달라붙어 이 부위를 움직일 때 힘줄이 좁은 힘줄집 안에서 이동하면 요골신경을 압박해 통증을 유발한다. 엄마들이 아이를 안으면서 긴 시간 손바닥을 펴 받치면서 긴엄지벌림근과 짧은엄지폄근을 과도하게 써 힘줄집에 염증이 생기기 때문에 '엄마손 질환'이란 이름을 얻게 된 것이다. 하지만 이 질환은 엄마들만의 전매특허가 아니라 엄지손가락을 많이 사용하는 사람들은 누구나 걸릴 수 있다.

자신경은 아래팔 및 새끼손가락 쪽 손바닥 근육을 지배하며, 새끼손가락과 약손가락 절반(새끼손가락에서 가까운 쪽)의 피부감각을 지배한다.

잘못하여 팔꿈치 안쪽을 툭 치면 마치 전기가 오듯 찌릿찌릿하고 시큰거리며 저려오는 증상이 나타나는데, 이는 자신경을

*   드퀘르뱅 질환dequervain's disease.

자극했기 때문이다. 자신경은 위팔에서 아래팔로 뻗어나갈 때 팔꿈치 안쪽 얕은 곳으로 지나가면서 위팔뼈 바로 옆을 돌아나가기 때문에 툭 치면 바로 찌릿찌릿하고 시큰시큰 저린 반응이 나타난다.

'그대의 손을 잡고 해로한다'는 말의 과학적 해석

신경만 관찰하는 것이 아니라 근육도 관찰한다. 팔 부위의 근육은 매우 단순한 편이다. 위팔의 뒤쪽에는 폄근(이 근육으로 팔꿈치를 편다) 하나만 있는데, 이를 위팔세갈래근이라 한다. 앞쪽은 굽힘근(이 근육으로 팔꿈치를 굽힌다)으로 위팔두갈래근, 위팔근(상완근上腕筋), 부리위팔근(오훼완근烏喙腕筋) 등의 세 개가 있다. 아래팔의 근육도 대체로 앞쪽의 굽힘근과 뒤쪽의 폄근으로 나뉘는데, 손목과 손가락의 움직임을 담당한다.

아래팔의 움직임은 단순하다. 주로 굽히고 펴고 회내回內(손바닥이 아래로 향함)하고 회외回外(손바닥이 위로 향함)한다. 하지만 두 손과 손가락들은 주먹 쥐기, 신체의 중심축을 향해 당기는 동작인 내전內轉, 팔다리를 밖으로 내뻗는 동작인 외전外轉, 손뼉 마주치기 같은 정교하고 섬세한 동작을 할 수 있다. 이는 인류의 손바닥 구조가 아주 정교하고 섬세하기 때문이다. 열아홉 개의 손바닥 근육이 각자 맡은 역할을 다하기도 하거니와, 아래팔 근육에서 뻗어 나온 손가락 힘줄도 손가락 동작을 제어하기 때문에 인류는 두 손을 유연하고 민첩하게 움직일 수 있다. 하지만 그렇기 때문에 손에 심한 손상을 입을 경우에는 수술의 난도가 높아진다.

손바닥 근육과 힘줄이 수행하는 동작에 대해 말하다 보니 재미있는 이야기가 생각난다. 언젠가 가족이 모여 한담을 나누는데, 작은삼촌이 인터넷에서 화제가 된 '약손가락의 비밀'이란 영상 이야기를 꺼냈다.

영상 속의 내레이터가 문제를 던졌다. "결혼반지는 왜 약손가락에 낄까요?" 이 문제의 답에는 중국인들에게 전해 내려오는 신기한 이야기가 있다고 내레이터는 말한다. 그는 두 손을 내밀더니 가운뎃손가락을 구부리고 두 손을 합장해 네 개의 손가락 끝을 붙였다.

영상 속 내레이터의 말에 따르면 손가락은 모두 자신과 관계있는 서로 다른 사람을 상징한다. 가운뎃손가락은 자기 자신, 엄지손가락은 부모, 집게손가락은 형제, 약손가락은 배우자, 새끼손가락은 자녀를 나타낸다.

구부린 가운뎃손가락을 붙인 다음 그는 붙어 있던 다른 손가락들을 하나하나 떼었다. 엄지손가락은 쉽게 떨어졌다. 이는 부모는 어느 날인가 늙어 우리를 떠난다는 것을 의미한다. 다시 엄지손가락을 붙이고 집게손가락을 벌리자 역시 쉽게 떨어졌다. 이는 형제자매도 결국은 각각 가정을 이루어 자신의 인생을 찾아 우리를 떠난다는 것을 의미한다.

새끼손가락을 떼자 역시 쉽게 떨어졌다. 이는 자녀도 자라서 조만간에 우리를 떠나 가정을 이룬다는 것을 의미한다. 내레이터는 마지막으로 모두에게 약손가락을 떼어보라고 했다. 다른 손가락들과 다르게 어떻게 해봐도 붙어 있는 약손가락을 뗄 수 없었다.

영상은 이 세상에 어떤 관계에 있는 사람도, 부모와 자식처럼 가까운 관계도 예외 없이 변하지만, 배우자는 평생 서로 의지하고 보살피며 당신과 가장 밀접한 관계가 있는 사람이라는 사실을 말해주고 있다. 결론은 이렇다. '그러므로 결혼반지는 약손가락에 끼어야 한다.'

처음 이런 놀이를 체험한 사람은 분명 신기하다고 느꼈을 것이다. 게다가 이렇게 낭만적인 이야기로 스토리텔링까지 했으니 감동적이지 않은가? 특히 여성이라면 더 큰 감동을 받아 마음속에 '그대 손을 잡고 그대와 해로偕老*하고픈 감정이 샘솟을 것이다.

이 놀이에 대한 나의 첫 번째 반응도 놀랍고 신기하다는 것이었다. 하지만 내가 놀랍고 신기하다고 느낀 것은 낭만적인 '약손가락의 비밀'이 아니라 이런 놀이를 생각해낸 사람이 대단하다는 생각에서다. 그 사람은 분명 풍부한 해부학 지식을 가졌을 것이다.

엄지손가락, 집게손가락, 새끼손가락은 모두 독립된 손가락폄근(지신근指伸筋)을 가지고 있다. 이 외에도 손등에는 아래팔의 팔등 쪽에서 나온 손가락폄근이 있는데 이 근육에는 네 개의 힘줄이 있어 각각 집게손가락, 가운뎃손가락, 약손가락 및 새끼손가락 등 네 개의 손가락까지 이어져 있다. 하지만 이 네 개의 힘줄은 하나의 근육을 공동으로 사용하기 때문에 서로 영향을 미친다. 그래서 가운뎃손가락을 구부리면 손가락폄근의 수축에 영향을 미쳐 독립된 손가락폄근을 가지고 있지 않은 약손가락은 벌릴 힘이 없어 떨어지지 않는다. 하지만 엄지손가락, 집게손가락, 새끼손가락은 독립된 손가락폄근을 가지고 있어 영향을 받지 않아 쉽게 떨어뜨릴 수 있다.

만약 약손가락을 구부리면 모든 손가락을 쉽게 뗄 수 있는데, 집게손가락을 구부리면 직접 영향을 받는 가운뎃손가락은 쉽게

* 《시경詩經》〈격고擊鼓〉에 나오는 구절로 원문은 "執子之手 與子偕老"이다.

떨어지지 않는다는 사실을 발견하게 될 것이다. 약손가락에는 독립된 손가락폄근이 없기 때문에 다른 손가락보다 상대적으로 힘이 부족하다. 그래서 피아니스트들은 약손가락의 힘을 기르기 위해 단련해야 한다. 정말이지, 최정상의 피아니스트는 가운뎃손가락을 구부리고 서로 붙어 있는 약손가락을 뗄 수 있는지 보고 싶다. 피눈물 나는 노력을 하며 단련했으니 어쩌면 이런 인간의 한계를 넘어설 수도 있지 않을까?

내가 이 '전문적이고 과학적'인 해설을 들려주자 좌중의 낭만적인 분위기는 사라지고 말았다. 작은삼촌이 야유하듯 한마디 던졌다.

"과학 한다는 여자애들은 정말 멋대가리가 없어⋯⋯."

농담인 줄 알지만 무슨 말을 그렇게 섭섭하게 하시는지. 봄에 온갖 꽃들이 피고, 가을에 아름다운 달이 뜨고, 여름에 시원한 바람이 불고, 겨울에 흰 눈이 쌓이는 광경을 노래하는 것은 시인들이 할 일이고 우리 같은 과학 하는 사람들은 진리를 추구해야 하는 것 아닌가?

나는 오랜 세월 해부를 배우고 가르쳤다. 인체의 신경, 혈관, 근육의 분포와 움직이는 방식이 이미 내 자신의 일부로 굳어졌다. 약손가락의 비밀이 무엇인지 육안해부학이 나에게 정답을 가르쳐주었다.

폐부에서 우러나온 경탄

세 번째 수업: 가슴안 해부

팔 해부를 마친 다음에는 가슴안을 관찰한다. 중국어에 '도심도폐掏心掏肺', 즉 심장과 허파(폐肺)를 다 드러내 보여준다는 말(속마음을 드러낸다는 뜻)이 있는데, 바로 이 심장과 허파 등을 수용하고 있는 부분이 가슴안이다.

먼저 관찰할 부분은 허파다. 허파는 풍선처럼 숨을 들이마시면 확장되고 내쉬면 공기를 짜 배출하는데, 바로 이 두 개의 풍선이 들어 있는 곳이 가슴막안(흉막강胸膜腔)이다.

이 두 풍선을 관찰하려면 학생들은 육안해부학을 수강한 이래 첫 번째로 큰 '파괴'를 경험해야 한다. 갈비뼈 절단용 가위로 시신 스승의 양쪽 옆구리의 갈비뼈(늑골肋骨)를 잘라 앞가슴벽(전흉벽前胸壁) 전체를 들어내면 눈에 들어오는 장기가 바로 허파다.

이때 학생들의 반응은 경악 그 자체다. 대체로 상상 속의 허파는 조금 진한 살구색이거나 분홍색의 깨끗한 모양으로, 재래시장에서 파는 진분홍빛 돼지 허파의 색깔에 가깝다. 하지만 앞가슴벽을 들어내고 허파 밖의 가슴막(늑막肋膜)을 잘라낸 뒤 실제로 보는 허파는 검붉거나 회색을 띤다. 게다가 윗면에는 검은색 반점이 빽빽이 들어차 있어 조금도 아름답거나 깨끗하지 않다.

이런 색깔과 모양을 보이는 것은 포르말린으로 고정했기 때문이 아니다. 포르말린으로 고정하면 기관의 색깔만 좀 짙어질 뿐 그런 검은 반점이 생기지는 않는다.

허파의 검은 반점을 본 학생들은 시신 스승이 살아생전에 담배를 피웠기 때문에 그렇게 되었을 것이라고 추측한다. 하지만 평생 담배를 피우지 않은 시신 스승들의 허파에도 검은 반점이 가득하다. 갈수록 심각해지는 대기오염, PM 2.5의 초미세먼지 그리고 요리할 때 기름 또는 가스 등이 연소되면서 생기는 유연油煙 등으로 허파에 유사한 검은 반점이 생긴다. 숨을 들이쉴 때마다 허파에 분진이나 공중에 떠다니는 미세먼지가 공기를 따라 들어와 허파 안에 있는 대식세포大食細胞*에 잡아먹히는데, 이

---

* 혈액, 림프, 결합 조직에 있는 백혈구의 하나로, 침입한 병원균이나 손상된 세포 등을 포식하여 면역 기능 유지에 중요한 역할을 하는 세포.

런 이물질 가운데 분해되기 어려운 부분은 모두 대식세포 안에 저장된다. 이런 대식세포들이 대량으로 밀집하여 육안으로 보이는 검은 반점이 만들어지는 것이다.

생명주기가 짧은 동물들의 허파는 그렇게 변하지 않는다. 그럴 만한 시간을 갖지 못하기 때문이다. 이전에 우리가 해부한 쥐들은 모두 실험실에서 길러서 오염된 공기를 마시지 않은 데다 보통 몇 개월 뒤에는 희생되므로 해부했을 때의 허파가 깨끗한 분홍색이나 주홍색을 띠었던 것이다. 시장에서 볼 수 있는 식용동물들의 허파도 보통 오래 살지 못하고 도살되어서 아주 깨끗하다. 하지만 장수 동물인 인류의 허파는 오랜 세월 공기와 함께 흡입되는 분진이나 미세먼지를 처리하기 때문에 흡연하지 않아도 검은 반점들이 가득하다.

선생님, 생전에 숨 쉬기 힘드셨죠?

허파는 왼쪽과 오른쪽에 각각 하나씩 있다. 허파 표면에는 깊게 팬 줄이 몇 개 있다. 왼쪽 허파에는 사선으로 깊게 팬 줄이 딱 하나 있는데 이를 사열斜裂이라고 한다. 오른쪽 허파에는 사열 말고도 수평으로 약간 깊이 팬 작은 줄이 있는데 이를 수평

열水平裂이라고 한다. 허파는 이렇게 깊이 팬 줄에 의해 몇 개의 허파엽(폐엽肺葉)으로 나뉜다. 왼쪽 허파에는 두 개의 허파엽(상엽, 하엽)이 있고, 오른쪽 허파에는 세 개의 허파엽(상엽, 중엽, 하엽)이 있다. 대부분 사람의 심장꼭대기(심첨心尖. 심장의 좌전방 끝)는 왼쪽으로 치우치면서 심장이 왼쪽 가슴안을 약간 차지하여 왼쪽 허파가 오른쪽 허파보다 조금 작다.

허파에는 약 3억 개의 작은 허파꽈리(폐포肺胞)가 있는데, 허파꽈리의 지름은 약 0.2밀리미터이며, 총면적은 75제곱미터로 테니스 코트만한 넓이다. 피부의 총 표면적보다 넓은 허파꽈리는 인체에서 표면적이 가장 큰 기관이다.

다른 기관에 비해 공기를 축적할 수 있는 수많은 허파꽈리로 구성된 허파는 부드러운 기관이다. 하지만 일부 시신 스승은 폐암과 같은 질병 때문에 조직의 질감이 사뭇 다르다. 만져보면 알알이 맺힌 종양이나 딱딱한 덩어리 같다.

가슴막안에 물이 찬(속칭 부종폐浮腫肺) 시신 스승을 해부한 적이 있었다. 그분은 생전에 아마 암, 심장 질환, 폐렴이나 혹은 다른 원인으로 과다한 양의 조직액이 가슴막안에 스며들었을 것이다. 그리고 이것이 가슴안의 압력을 높여 허파를 압박해 허파가 제구실을 하기 어려웠을 것이다. 흉부 X선 사진에서 허파가 눌려 작아진 것을 볼 수 있었다.

또 한 번은 시신 스승의 가슴안을 열었는데 한쪽 허파에 허파엽 하나만 남아 있었다. 생전에 허파 수술을 했기 때문이다.

어떤 학생들은 감정이 풍부한 것이 보기에 사랑스럽다. 변형되거나 특별히 작은 허파를 가진 시신 스승을 보면 깜짝 놀라서 한마디 한다.

"아이구, 선생님. 살아생전에 숨 쉬기 힘드셨죠? 숨이 가쁘지는 않으셨어요?"

이런 학생들은 앞으로 환자를 자상하게 보살피는 좋은 의사가 될 것이다.

가지와 잎이 사방으로 뻗은 것처럼 생긴 기관지

허파로 가는 혈관, 신경, 기관지를 잘라 허파 전체를 들어내면 기관지의 분지分枝 상황을 관찰할 수 있다.

성인의 기관氣管은 지름이 약 2.5센티미터다. 기관 벽은 점막, 근육, C 자형의 연골로 이루어진 기묘한 구조다. 기관이 막힘없이 잘 통해야 공기가 순조롭게 드나들 수 있다. 만약 기관 전체가 부드러운 근육질로 되어 있다면 숨을 들이쉬고 내쉴 때마다 내려앉는 기관 벽을 팽팽하게 받쳐야 하기 때문에 체력 소모가 엄청날 것이다. 하지만 다행히도 C 자형의 연골로 이루어져 근육으로만 이루어진 식도처럼 흐늘거리지 않아서 공기가 쉽게 드나들 수 있다. 그래서 기묘한 구조라고 한 것이다.

열여섯 개에서 스무 개에 달하는 C 자형의 연골 사이는 점막, 결합조직, 근육 등이 이어져 전체적으로 대롱 모양이며 욕실 샤워기의 윤상輪狀 금속 호스처럼 생겼다. 다만 샤워기 호스의 마디가 O 자형으로 전체가 딱딱한 재질로 되어 있다면, 기관을 지탱하는 주요 구조는 C 자형의 연골로 앞쪽은 딱딱하지만 뒤쪽은 무르다.

이 C 자형 연골은 뒤쪽으로 트여 있으며, 앞쪽과 양옆은 약간 단단한 연골이다. 자신의 목을 만져보면 자못 딱딱한 조직이 있는데, 바로 그 부위다. 트인 뒤쪽은 부드럽고 연한 민무늬근(평활근平滑筋)이다. 기관의 뒤쪽 벽은 식도 앞쪽 벽에 딱 붙어 있으며, 연골이 아니라 근육으로 되어 있다. 그래서 음식을 삼킬 때 음식물이 기관 뒤쪽 벽과 마찰한다는 느낌이 없는 것이다.

기관은 6번 목뼈 높이에서 목에서 가슴안으로 진입하여 5번 등뼈의 위쪽 끝*에서 왼쪽 주기관지와 오른쪽 주기관지로 갈라진다. 보통 왼쪽 기관지는 수평에 가깝게 뻗어 있으며 약간 긴

---

* 상연上緣, 대부분의 의학 해설 자료에서 우리말에 없는 '상연'이란 단어를 그대로 쓰고 있는데 이 책에서는 '위쪽 가장자리', 또는 '위쪽 끝'으로 번역한다.

편이고, 오른쪽 기관지는 상대적으로 짧고 지름이 더 크며 수직에 가깝게 뻗어 있다. 어린아이들이 이물질을 삼켜 호흡기관이 막혀 수술할 때 보면 대부분 오른쪽 기관지가 막혀 있다.

오른쪽 허파의 기관지는 다시 세 가닥의 2차 기관지로 갈라지고 왼쪽 허파의 기관지는 두 가닥의 2차 기관지로 갈라져 각각의 서로 다른 허파엽으로 들어간다. 그리고 이 2차 기관지에서 더 가는 3차 기관지와 그보다 더 가는 4차 기관지가 다시 아래쪽으로 '가지와 잎이 사방으로 뻗고 흩어지듯' 뻗어나간다. 그리고 계속 갈라져서 마지막에는 더 가느다란 종말세기관지_{終末細氣管支}가 된다.

육안해부학에서는 3차 기관지까지 해부하며, 이보다 더 가늘고 작은 세기관지 분지는 조직학 과정에서 현미경으로 관찰한다. 서로 다른 기관지가 공급되는 왼쪽과 오른쪽 허파는 여덟 개에서 열 개의 구역기관지_{區域氣管支}로 나뉘는데, 이는 의대생에게는 대단히 중요한 임상적 의의를 가지고 있다.

모든 구역기관지에는 각각 3차 기관지 한 개와 허파동맥 분지가 공급되며, 독립된 허파정맥 분지와 림프관이 있어 혈액과 조직액이 돌아나가도록 한다. 허파에 심각한 질병이 생겨 허파의 일부를 떼어내는 수술을 할 경우에 구역기관지를 단독으로 잘라낼 수 있어 허파의 다른 영역에 영향을 미치지 않기 때문에 수술 후에도 정상적인 호흡 기능이 유지된다. 앞에서 말한 허파의 일부만 남아 있는 시신 스승은 생전에 이런 수술을 받은 분이다.

심장이 이렇게 생겼구나

심장 또한 허파 못지않게 중노동을 담당하는 가슴안의 중요한 장기다.

육안해부학에서는 항상 '상상한 것과 다른' 상황들이 일어난다. 학생들은 눈을 동그랗게 뜨고 장기들을 바라보며 놀라서 소리친다.

"엄청 크네!"

"뭐 이렇게 작아?"

심장은 학생들이 "엄청 크다"며 놀라는 장기 가운데 하나다.

중·고등학교 시절에 배운 생물 교과서에 심장의 크기가 대략 꽉 쥔 주먹 크기라고 쓰여 있어 학생들은 줄곧 그렇게 여겨왔다. 하지만 실제로 인류의 심장은 성인 남성의 주먹보다 크다. 돼지 심장과 크기가 비슷한, 꽤 무게가 있는 장기다.

대부분 심장이 왼쪽에 있다고들 아는데 정확한 말은 아니다.

심장은 가슴안의 중앙부에 있는데, 심장꼭대기가 약간 왼쪽으로 치우쳐 있을 뿐이다. 심장은 심막心膜이라는 질긴 보호막으로 둘러싸여 있다. 심장 겉면에 밀착되어 있는 것이 장측臟側 심막이고, 심장의 바깥층에 있어 심장과 직접 맞닿아 있지 않는 막이 벽측壁側 심막과 섬유성纖維性 심막이다. 섬유성 심막은 질긴 결합구조로 되어 있으며 심장을 보호하는 역할을 한다. 장측 심막과 벽측 심막 사이에는 공간이 있는데, 이를 심막강心膜腔이라 한다. 심장은 바로 이 심막강 안쪽에 있다. 심막강 안에 들어 있는 소량의 조직액이 윤활 작용을 하여 심장이 박동할 때 마찰력을 줄여준다. 함께 붙어 있는 벽측 심막과 섬유성 심막을 잘라내야 심장 전체를 제대로 관찰할 수 있다.

장측 심막은 원래 단층상피單層上皮로 얇은 결합조직이다. 하지만 어떤 시신 스승들의 심막에는 많은 지방이 껴 마치 단층상피가 아닌 것처럼 보이는데, 이 지방이 바로 '심막지방'이다.* 혈액 안에 지방이 너무 많으면 심장 표면에 지방이 쌓일 수 있다.

심장을 세밀히 해부하고 자세히 관찰하려면 심장에서 나가는

---

* 상피는 동물의 몸 표면이나 내장 기관의 내부 표면을 덮고 있는 세포로 우리 몸을 보호하는 역할을 한다. 상피세포는 한 층 또는 여러 층으로 서로 밀착되어 있으며 이들 세포가 모여 상피조직을 이룬다. 결합조직은 다세포동물의 몸을 구성하는 조직의 일종으로 여러 가지 조직, 기관 등의 사이에서 이들을 연결하는 역할을 담당한다. 대부분의 결합조직은 단백질의 일종으로 아교질이 풍부한 콜라겐과 엘라스틴으로 구성되어 있다.

주요 동맥과 심장으로 들어가는 주요 정맥을 잘라야 한다. 그래야 심막강 안에 있는 심장을 들어낼 수 있다.

심장은 속이 빈 구조로, 좌우 심방心房과 좌우 심실心室 네 개의 공간으로 나뉜다. 심방과 심실은 방실판막房室瓣膜이라고 하는 판막瓣膜으로 분리되어 있다. 왼심방(좌심방左心房)과 왼심실(좌심실左心室) 사이에 있는 방실판막을 승모판僧帽瓣(왼방실판막)이라 하는데, 이첨판二尖瓣으로도 불린다. 오른심방(우심방右心房)과 오른심실(우심실右心室) 사이에 있는 방실판막은 삼첨판三尖瓣(오른방실판막)이라 한다.

대동맥과 왼심실 사이, 허파동맥과 오른심실 사이에도 판막이 있다. 형태가 반달 모양으로 생겨 반달판막(반월판半月瓣)이라 부르는데, 심실이 이완되었을 때 혈액이 동맥에서 심실로 역류하는 것을 방지한다.

심장은 이렇게 작동한다. 심방이 수축하면 승모판과 삼첨판이 열려 혈액을 심실로 들어가게 한다. 이때 반달판막은 닫혀 있다. 심실이 수축하면 승모판과 삼첨판이 닫혀 혈액이 심방으로 역류하지 못하고 동맥으로 가게 된다. 오른심실에 있는 혈액은 허파동맥으로 들어가고, 왼심실에 있는 혈액은 대동맥으로 들어간다.

판막과 관련된 병으로 평소 가장 흔한 병명은 '승모판막탈출증僧帽瓣膜脱出症'이다. 정상적인 경우 혈액이 심방에서 심실로 흘러가면 방실판막이 열리고, 심실이 수축하면 방실판막이 닫혀 혈액이 심실에서 심방으로 역류하지 않게 한다.

하지만 질병이나 다른 까닭으로 승모판 판막이 두꺼워지거나 늘어지면 정상 위치를 벗어나 완전히 닫히지 않아 혈액의 일부가 역류하여 심방으로 들어간다. 그렇게 되면 대동맥으로 들어가는 혈액의 양이 줄어들게 되는데, 이런 증상이 '승모판막탈출증'이다.

승모판막탈출증에 걸릴 확률은 2~3퍼센트로 낮은 편이 아니다. 대부분의 환자는 뚜렷한 증상이 없어 따로 치료를 필요로 하지 않는다. 일부에게 가슴 두근거림(심계心悸)과 부정맥 등의 증상이 보이며, 극소수의 환자에게 심장속막염(심내막염心內膜炎) 감염과 같은 심각한 합병증이 나타나는데 이런 환자는 특히 주의해야 한다.

심장에 양분을 공급하는 심장동맥

심장을 가슴안에서 들어낸 다음에 가장 먼저 해야 할 일은 심장으로 공급되는 주요 혈관을 찾아내는 것이다. 바로 모두의 귀에 익숙한 '심장동맥(관상동맥冠狀動脈)'이다.

왼심실에 연결된 대동맥의 밑뿌리에서 왼쪽과 오른쪽에 각각 혈관 하나씩이 갈라져 나가는데 바로 왼심장동맥(좌관상동맥)과 오른심장동맥(우관상동맥)으로 심장에 양분과 산소를 공급하는 역할을 한다.

왼심장동맥은 심장의 왼쪽 앞부분에서 두 개로 갈라지는데, 하나는 왼심방과 왼심실이 맞닿는 곳에서 심장의 뒤쪽으로 감아 돌고, 또 하나는 심장의 앞면과 좌우 심실이 맞닿는 곳에 주행하여 좌우 심실사이막(심실중격心室中隔)에 혈액을 공급하는 혈관이다. 이 혈관은 비교적 자주 막힌다. 오른심장동맥은 오른쪽에서 뒤쪽으로 감아 돌아 심장 뒷면으로 가는데 오른심방과 오른심실에 양분을 공급한다.

노화나 다른 이유로 심장동맥의 혈관 벽이 딱딱하게 변하거나, 혈관 안의 혈액과 뒤엉킨 기름이 죽처럼 붙어 있는 죽상반粥狀斑이 쌓여 혈관이 좁아지면 심장으로 공급되는 혈류량에 영향을 미친다. 혈류량이 일정 정도 감소하면 협심증이 일어날 수 있는데, 일단 막히면 심근에 산소가 부족해진다. 이것이 바로 심근경색으로, 환자의 혈압이 아주 높으면 딱딱하게 굳어진 혈관이 파열될 수도 있는 매우 위험한 질병이다.

체순환하는 주요 혈관 추적

허파와 심장을 들어낸 뒤 가슴안 후벽을 관찰한다.

이에 앞서 심장을 들어낼 때 많은 혈관을 잘라내야 한다. 왼심실에서 나가는 대동맥, 오른심실에서 나가는 허파동맥, 심장으로 되돌아오는 혈관으로는 왼심방으로 들어오는 허파정맥, 오른심방으로 들어오는 위대정맥(상대정맥上大靜脈)과 아래대정맥(하대정맥下大靜脈)이 있는데 모두 잘라내야 한다. 우리는 학생들에게 이 혈관들을 하나하나 찾도록 이른다.

세포의 대사에 산소가 필요하므로 체순환을 통해 산소와 이산화탄소를 교환해야 한다. 왼심실에서 산소가 충만한 혈액을 보내면 위로는 목으로, 아래로는 몸통과 팔다리로 가 혈액 속의 산소를 내보내 세포 안에 공급하고 세포의 대사로 만들어진 이산화탄소를 받아들인다. 이렇게 산소와 이산화탄소를 교환한 뒤 이산화탄소로 채워진 혈액은 오른심방으로 되돌아와 허파순환을 거쳐 허파동맥을 타고 허파로 들어간다. 그리고 호흡을 통해 이산화탄소를 배출하고 흡입된 산소를 혈액에 받아들인다. 이렇게 해서 산소가 충만해진 피는 다시 허파정맥을 타고 왼심방으로 돌아간다. 왼심방에 있던 혈액은 왼심실로 들어가 다시 체순환을 반복한다.

체순환하면서 산소가 부족해진(즉 이산화탄소로 채워진) 혈액을 수송하는 역할을 하는 정맥은 마지막으로 위대정맥과 아래대정맥의 두 혈관을 타고 오른심방으로 돌아오는데, 위대정맥으로는 목과 팔 그리고 흉부에서 돌아오는 혈액이 들어오고, 아래정맥으로는 복부와 다리에서 돌아오는 혈액이 들어온다.

교과서에 실린 그림에서는 학생들이 잘 이해할 수 있도록 혈관과 신경을 서로 다른 색깔로 표시한다. 즉 동맥은 붉은색으로, 정맥은 청색으로, 신경은 황색으로 표시한다. 하지만 실제 인체에서는 이처럼 색깔이 크게 다르지 않고 대부분 회백색이나 살색이다. 학생들은 지식과 경험에 비추어 서로 다른 관로管路를 정밀하고 정확하게 식별해내야 한다.

실제로 보면 정맥은 혈관 안에 항상 혈액이 차 있으므로 약간 어두운 색깔로 보이고, 동맥은 좀 희끗하게 보인다. 질감을 말하자면 동맥이 정맥보다 탄력성이 있다. 동맥이 받는 혈압이 더 높아서 혈관 벽에 탄력성이 있어야 쉽게 파열되지 않기 때문이다. 정맥은 되돌아오는 혈액의 혈압이 높지 않기 때문에 상대적으로 강인强靭하지 않다.

자율신경과 미주신경

혈관만 관찰하는 게 아니라 신경도 관찰한다. 겉모습을 보면 신경은 혈관과 거의 똑같이 생겼다. 다른 점이 있다면 혈관은 혈액이 통과해야 하므로 속이 비어 있지만 신경은 속이 꽉 차 있다. 아직 해부 경험이 적어서 잘 분간하지 못하는 학생들에게 핀셋으로 집어보고 판단하도록 가르친다.

뒷가슴벽(후흉벽後胸壁)에서 중점적으로 관찰해야 할 또 하나는 머리뼈 밑부분에서 꼬리뼈까지 척주脊柱 앞 양쪽에 두 줄로 늘어진 신경 다발인 교감신경줄기(교감신경간交感神經幹)다. 척주 양쪽에 위치하며 중간 중간에 부풀어 커진 신경절神經節(신경마디)이 있는데, 이 신경절 사이에 신경섬유가 있어 서로 연결되며, 모양은 구슬 목걸이처럼 생겼다.

교감신경과 부교감신경은 '자율신경계'를 구성하는 요소다. 이 둘의 역할은 확연히 다르다. 교감신경은 곁콩팥(부신副腎)을 자극해 아드레날린을 분비하게 한다. 그러면 심장박동이 빨라지고 호흡이 가빠지고 위장의 꿈틀운동이 느려지며 신체는 흥분 상태에 돌입하는데, 이것이 바로 우리 몸이 스트레스나 위급한 상황에 대처하는 방법이다. 부교감신경은 그와 반대의 역할을 한다. 부교감신경은 근육을 이완시키고 엔도르핀을 분비한다. 그러면 심장박동이 느려지고 혈압이 떨어지고 소화 기능이 원활해지며 신체는 휴식 상태로 들어간다.

교감신경줄기를 관찰하면서 미주신경迷走神經도 관찰한다. 미주신경은 운동신경섬유, 감각신경섬유, 부교감신경섬유가 들어 있는 혼합신경이다. 위에서 이야기한 바와 같이 심장박동을 느리게 하고 소화 기능을 원활하게 하는 역할을 하는데, 이는 미주신경을 구성하고 있는 신경섬유 가운데 부교감신경섬유가 활성화된 결과다. 미주신경은 열째 뇌신경 쌍으로, 미주신경으로 불리는 까닭은 마치 '미로迷路'처럼 생겼기 때문이다. 미주신경은 뇌신경 가운데 가장 길고 넓게 뻗어나간 한 쌍의 신경으로 주행 경로가 매우 길다. 숨뇌(연수延髓)에서 나와 식도 양쪽을 타고 목과 가슴안을 관통하여 배안(복강腹腔)으로 들어가는데, 주행 경로에 있는 호흡기 계통과 심장, 소화기 계통의 절대다수의 기관을 지배한다.

미주신경의 또 다른 특별한 점은 왼쪽과 오른쪽이 대칭이 아니라는 것이다. 왼쪽 미주신경은 가슴안으로 들어간 뒤 대동맥궁大動脈弓 아래에서 가지 하나를 쳐 대동맥궁을 휘감고 돌아 뒤쪽으로 굽어 올라가 다시 역행해 후두喉頭로 되돌아가는데, 이를 되돌이후두신경(반회신경反回神經)이라 한다. 왼쪽 미주신경은 계속 나아가 배안으로 들어간다. 오른쪽 미주신경은 오른쪽 빗장뼈 아래의 동맥을 지날 때 가지를 하나 치는데, 바로 오른쪽 되돌이후두신경이다. 이 오른쪽 되돌이후두신경은 동맥을 감아 돌아 후두에 이르며, 원줄기는 계속해서 아래쪽으로 내려간다.

이런 구조는 아주 특별한 것이다. 신경은 보통 근단近端(주요 부분의 이쪽)에서 원단遠端(먼 쪽)으로 뻗어나가지 지나온 길로 되돌아오지 않는다. 하지만 이 신경은 먼 길을 돈다. 우리가 발성하고 말을 할 때 대뇌에서 보낸 신호는 미주신경을 타고 되돌이후두신경으로 전달되어 한 바퀴 빙 돌아 후두에 도달하여 후두 근육이 작동하도록 제어한다. 그야말로 효율이 매우 떨어지는 일이다. 왜 곧바로 가면 안 되는 것일까?

많은 학자들이 되돌이후두신경을 집중적으로 연구한 결과, 이것이 진화의 가장 좋은 증거라고 여기게 되었다. 진화의 관점에서 보면 어류가 육지에 올라와 파충류로 진화되었고, 다시 포유류로 진화되었다. 미주신경은 뇌에서 출발하는데 어류는 목이 없기 때문에 (미주신경의 한 지류인) 되돌이후두신경이 우회하지 않고 곧바로 후두에 도달한다. 하지만 되돌이후두신경이 주행하는 경로는 공교롭게도 심장의 뒤쪽이다. 생물이 파충류로 진화한 이후 목이 생기게 되었는데, 파충류의 목은 길지 않기 때문에 이 신경 역시 약간 연장되었을 뿐이다. 그리고 상황에 맞게 조금 수정하여 약간 먼 길을 우회하게 된 것이다. 어차피 목적만 달성할 수 있으면 되니까 말이다. 진화의 과정은 과거로 돌아가 다시 설계할 수 없는 것인 만큼, 생존에 영향을 미치지만 않는다면 조금 결함이 있어도 허용된다.

생물이 끊임없이 진화하면서 목도 길어졌고 심장과 대동맥궁은 뒤쪽으로 조금 이동했다. 되돌이후두신경도 마치 장단을 맞추듯 우회하게 되었다. 그래도 사람은 좀 나은 편이다. 기린처럼 목이 긴 동물은 끔찍하다. 원래 후두까지 직선거리로 약 5센티미터인데 되돌이후두신경은 무려 4미터 이상 우회한다.

2014년 타이완에서 열린 와일드뷰 타이완 필름 페스트벌 The 2014 Wildview Taiwan Film Festival에서 영국의 생물학자 리처드 도킨스Richard Dawkins와 미국의 조이 라이덴버그Joy Reidenberg가 횡사한 기린을 해부한 영상 〈거대 동물 해부: 기린Inside Nature's Giants—The Giraffe〉을 상영했다. 볼 만한 가치가 있는 상세한 기록으로 흥미를 끄는 진화 연구 소재였다.

인류의 신체에서 이 신경의 경로는 많이 우회하는 편은 아니다. 인류의 목 길이가 긴 편이 아니기 때문에 되돌이후두신경은 5, 6센티미터만 우회하면 되는 것이다. 기린과 비교하면 접근성이 매우 좋다고 할 수 있다.

가슴안의 주요 기관과 혈관 그리고 신경을 다 관찰하고 나면 흉부 해부 과정은 일단락되는 셈이다. 이어서 도전할 과제는

'개복開腹'이다. 배안에는 장기가 많아 해부 난도는 가슴안에 조금도 뒤지지 않는다.

학생들아, 계속 힘내자.

배 속 가득한 지식

네 번째 수업: 위·장 해부

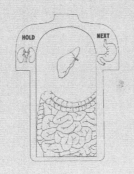

가슴안 해부를 마친 뒤 육안해부학 과정에서 가장 감동적인 배안으로 들어간다.

가슴안의 아래쪽 가장자리*에서 골반안(골반강骨盤腔)의 위쪽 가장자리까지 이어지는 공간이 바로 배안이다. 배안에는 식도의 일부분, 위胃, 작은창자(소장小腸), 큰창자(대장大腸), 간肝, 쓸개(담낭膽囊), 지라(비장脾臟), 췌장膵臟(이자), 콩팥(신장腎臟) 등 매우 많은 장기가 들어 있다. 그야말로 배 속 가득한 지식이라고 할 수 있는, 육안해부학 과정의 압권 가운데 하나다.

---

* 하연下椽. 대부분의 의학 해설 자료에서 우리말에 없는 '하연'이란 단어를 그대로 쓰고 있는데 이 책에서는 '아래쪽 가장자리', 또는 '아래쪽 끝'으로 번역한다.

피부를 절개하고 열면 배벽(복벽腹壁)에 있는 두꺼운 피하지방을 관찰할 수 있다. 전복벽과 측복벽에는 얇고 큰 배바깥빗근(외복사근外腹斜筋), 배속빗근(내복사근內腹斜筋), 배가로근(복횡근腹橫筋), 길고 곧은 배곧은근(복직근腹直筋) 그리고 비교적 보기 드문 배세모근(추체근錐體筋) 등 많은 근육이 있다.

일부 학생들은 배에 있는 '식스팩', '에잇팩' 혹은 '초콜릿 복근'이라고 하는 근육이 어떻게 생겼는지 궁금해한다. 다들 만들고 싶어 하는 이 섹시한 복근은 배에 여섯 조각이나 여덟 조각의 서로 다른 근육이 있는 것이 아니라 배꼽 양쪽의 세로로 뻗어 있는 근육으로 배곧은근이라 한다.

피하지방 아래 회백색의 널힘줄(건막腱膜)을 절개하면 이 두 개의 근육이 복장뼈 양쪽 갈비연골(늑연골肋軟骨)의 아래 가장자리에서 두덩뼈(치골恥骨)의 위 가장자리까지 뻗어 있는 것을 볼 수 있다. 두 개의 길고 곧은 근육이라고 하지만 사실은 근육 중간에 결합조직이 가로 방향으로 근육을 나누고 있어 서너 개의 조각으로 보인다. 그래서 근육이 발달해 두드러지고 피하지방까지 얇으면 외관상 초콜릿과 같은 격자형 윤곽이 입체적으로 드러나는 것이다. 아마 학생들은 해부 과정에서 배곧은근을 본 다음에야 비로소 왜 아름다운 복근을 만드는 것이 어려운지 깨달았을 것이다. 배곧은근 앞에 두꺼운 피하지방이 있기 때문에 회미하게나마 복근을 만드는 것도 만만치 않다. 더욱이 볼륨감 있는 근육을 만들려면 근육을 엄청 발달시키고 피하지방을 아주 얇게 만들어야 하는 두 가지 어려운 조건을 동시에 갖춰야 하므로 쉬운 일이 아니다.

장기를 들어내는 대규모 공사

배안에는 곳곳에 지방이 흩어져 있다. 근육을 양쪽으로 열어젖히면 눈에 확 들어오는 것이 앞치마 모양의 큰그물막(대망막大網膜)이다. 큰그물막의 위쪽 끝은 위胃에 붙어 있는데 뒤쪽과 위쪽으로 접혀 위胃의 뒤쪽까지 이른다. 그 아랫부분은 가로잘록창자(횡행결장橫行結腸)에 붙어 있다. 큰그물막은 치마 모양의 구조로 배안의 장기 표면을 덮고 있는데 외관은, 위에 많은 혈관과 지방이 빽빽하게 들어찬 그물 모양의 구조다. 뚱뚱한 시신 스승들은 큰그물막에 지방이 많이 쌓여 온통 누런색이다.

큰그물막에는 많은 혈관과 림프관이 있고, 짜임새가 성긴 결합조직에는 많은 대식세포가 있어 배안 방위와 보호 역할을 한다. 임상에서 수술할 때 배안 내 장기의 병변 부위를 큰그물막이 덮고 있는 것을 볼 수 있는데, 이는 염증이 무제한 번지지 않도록 큰그물막이 그 범위를 차단하는 현상이다. 그래서 큰그물막을 '복부의 경찰'이라고 부른다.

그런데 사실 큰그물막은 병변 부위에 주동적으로 다가가는 능력이 없다. 큰그물막이 염증이 생긴 부위에 가서 이를 '처리'할 수 있는 것은 다음과 같은 까닭 때문이다. 병소 부위는 항상 염증 반응이 생기고 국부적으로 부어올라 꿈틀운동이 느려지거나 정지되지만 주변의 장기는 여전히 꿈틀운동을 한다. 그렇기 때문에 큰그물막이 꿈틀운동을 하지 않는 부위까지 밀려가고 병소의 염증 반응이 이동해오는 큰그물막에까지 확산되어 유착되면서 병변 부위에 큰그물막이 덮이는 현상이 일어난다.

여기까지는 그래도 작업이 단순한 편이다. 큰그물막을 열어젖힌 뒤 이어지는 해부가 정말로 힘든 과정이다. 학생들은 배 안의 장기들이 어디에 자리 잡고 있는지 관찰한 다음, 대부분의 장기를 배안에서 들어내야 한다. 이렇게 해야 이 장기들에 공급되는 혈관을 비롯해 후복벽의 아래대정맥과 배안을 지나는 대동맥의 구조를 자세히 관찰할 수 있다.

장기를 들어내는 일은 그야말로 대규모 공사다.

배안에 있는 장기들은 하나하나가 독립적으로 배안에 '수납'되어 있는 그런 간단한 구조가 아니다. 어떤 구조는 장기를 담고 있는 몸 안의 다른 공간과 상호 연결되어 있다. 예컨대 식도는 가슴안과 배안에 걸쳐 있으므로 가슴안에서 배안으로 들어가는 식도를 위胃와 가까운 부분에서 잘라내야 위를 들어낼 수 있다. 어떤 구조는 질긴 결합조직이 있어 견고하게 자리 잡고 있다. 예컨대 간은 많은 인대로 가로막(횡격막橫膈膜)과 연결되어 있어, 이 인대를 훼손하지 않으면 들어낼 수 없다. 창자도 꽤나 복잡하게 생겼다. 작은창자는 큰창자로 이어지며, 마지막에는 곧창자(직장直腸)를 지나 항문에 이르는데, 항문에서 가까운 곧창자 부분을 잘라내고, 창자 전체가 이어져 있는 상태를 유지한 채로 조심조심 배안에서 들어낸다.

잘라내야 하는 이런 구조는 일부분이고, 더 주의를 기울여야 할 것은 혈관이다. 가슴대동맥(흉부대동맥胸部大動脈)이 배안에 들어온 다음에는 배대동맥(복대동맥腹大動脈)으로 불리는데, 배대동맥의 분지 가운데 세 개의 주요 혈관이 소화기관에 공급된다. 복강동맥腹腔動脈, 위창자간막동맥(상장간막동맥上腸間膜動脈), 아래창자간막동맥(하장간막동맥下腸間膜動脈)이 그것인데, 이것들은 일일이 잘라내고 배대동맥을 후복벽에 남겨둔 다음, 소화기관으로 들어가는 혈관을 장기와 함께 들어낸다.

배안의 공간 이용은 극대치를 자랑한다. 열어보면 안에 많은 장기가 가득 자리 잡고 있는데, 서로 밀착되어 있는 구조다. 이 때문에 배안 수술 뒤 장기들이 유착되기 쉽다. 결합조직은 재생 능력이 뛰어나다. 상처를 입으면 세포의 재생 능력이 활성화되어 상처를 치유하는데, 재생이 지나치면 서로 이어져서는 안 될 조직이 붙게 된다. 배안이라는 작은 공간에 많은 장기를 수용하고 있으므로 수술 뒤 조직들이 적극적으로 회복하려다 보니 인접해 있는 조직이나 복막腹膜(배막)까지 닿게 되는 것이다.

배안의 공간이 '금싸라기 땅'으로 '칼 하나 꽂을 틈'도 없는 상황에서 해부를 하는 데다 구조를 잘못 절개하면 안 되기 때문에 해부의 난도가 매우 높다. 게다가 일부 시신 스승은 생전에 배안 내 장기에 간암이나 간경화 같은 질병을 앓아 간이 엄청 부어 있고 조직도 딱딱해서 움직여 옮기기가 쉽지 않다. 이 때문에 작업할 수 있는 공간이 더 좁아져 아래대정맥(간 뒤쪽으로 지나간다)을 절개할 때는 인내심을 가지고 세심하게 해야 한다.

그래서 우리는 조組마다 교수를 한 사람씩 붙여준다. 특히 중요한 절개나 적출 작업을 할 때는 교수가 옆에서 한 단계 한 과정을 직접 지도하게 한다. 그렇게 하지 않으면 학생들이 실수할 경우 이어지는 학습에 영향을 끼치게 된다.

배안의 중요 장기들을 들어낸 뒤에는 막 절개한 혈관들을 하나하나 판별해야 하고, 할 수 있는 한 작은 혈관까지 추적하여 혈관이 어떻게 분포하고 어떻게 각 장기로 공급되는지 이해해야 한다. 그래야 뒷날 학생들이 의사가 되어 기관에 발생한 병변을 수술할 때 어떻게 지혈하고 어떻게 수술할지 알 수 있다.

납작하고 주름투성이인 J 자형 자루

장기를 들어낸 뒤에는 장기들을 자세히 관찰하고 숙지한다.

먼저 위胃의 위쪽에 붙어 있는 식도를 관찰한다. 가슴안을 해부할 때 우리는 이미 식도를 본 적이 있다. 식도는 배안 방향으로 뻗어나가 가로막의 식도구멍(식도열공食道裂孔)을 지난 뒤 왼쪽으로 굽어져 위胃로 이어진다.

식도관벽食道管壁의 근육은 아주 흥미롭게 생겼다. 육안으로는 안 보이지만, 조직학 과목에서 학생들은 현미경으로 관찰하면서 식도의 윗부분 3분의 1이 골격근骨格筋, 즉 맘대로근(수의근隨意筋)이라는 사실을 알게 된다. 골격근의 수축은 의식의 지배를 받아 음식물을 삼킬 수 있고, 이물질을 잘못 삼켰을 때는 곧바로 토해낼 수 있다. 하지만 식도의 중간쯤에 이르면 근육이 민무늬근과 골격근이 뒤얽힌 조직으로 변한다. 그 아랫부분 3분의 1은 모두 민무늬근으로, 이 부분은 의식의 지배를 받지 않는다.

식도와 연결된 위胃는 배안 윗부분에 있다. 위장약이나 요구르트 광고를 보면 위를 빵빵하고 매끄러운 모양으로 그려서 표현하는데, 실제로는 납작하고 주름투성이인 J 자 모양의 자루처럼 생겼다. 위는 산도가 강한 위산을 품고 있으므로 위벽이 아주 두껍다고 생각할 것이다. 하지만 위벽은 아주 얇다. 심지어 큰창자나 작은창자의 장벽보다 얇다. 그런데도 강한 위산에 손상되지 않는 것은 위벽에서 점액을 분비하여 스스로를 보호하기 때문이다.

위胃의 주요 역할은 음식과 위액을 섞어 휘저어 암죽을 만들어 샘창자(십이지장十二指腸)로 보내는 것이다. 건강하고 정상적인 위는 위와 식도가 연결되는 국부局部인 들문(분문噴門), 위저부胃底部, 위체부胃體部 그리고 날문(유문幽門) 등 네 개의 영역으로 나뉜다. 가장 위에 있는 부위는 들문으로, 식도에서 위胃로 가는 입구를 둘러싸고 있다. 들문은 위 안에 있는 음식이 식도로 역류하는 것을 방지한다. 들문의 폐쇄 기능이 안 좋으면 위산이 식도로 역류하는데, 그러면 가슴이 답답하거나 작열감과 같은 증상을 일으킬 수 있다. 어떤 경우에는 기침을 하고, 침이나 음식물을 잘 삼키지 못하기도 한다. 환자는 가슴안 부위가 아프다고 느끼게 되는데 사실은 배안에 문제가 생겨 나타나는 증상이다.

들문의 입구에서 수평으로 선을 그어 그 윗부분이 위저부에 속한다. 흔히 위를 그린 그림에서 보이는 오른쪽 상단의 가장 매끄러운 부분이다. 위체부는 위의 주요 부분으로 여기서 가장 먼 쪽 끝까지 가면 날문에 닿는다. 날문은 만져보면 매우 단단한 조임근(괄약근括約筋)으로 되어 있다.

위의 병변으로 일부분이나 전체를 잘라낸 시신 스승을 해부한 적이 있다. 절제하고 남은 위를 작은창자와 연결하는 수술을 받았는데, 그 모양은 정상인의 위와 사뭇 달랐다.

구불구불한 장

날문을 지나면 구불구불한 작은창자와 큰창자 영역이다.

작은창자는 창자간막(장간막腸間膜)으로 배안에 고정되어 있다. 창자간막은 두 겹의 복막으로 이루어졌는데, 내장을 후복벽後腹壁의 복막 주름에 고정시키는 역할을 하는 동시에 혈관, 신경, 림프가 내장으로 가는 길이기도 하다. 창자간막이 있기 때문에 작은창자는 복막의 고정 위치에 매달려 쉽게 위치가 바뀌지 않게 된다.

작은창자는 에돌아 휘감고 있는, 인체에서 가장 긴 장기로 샘창자, 빈창자(공장空腸), 돌창자(회장回腸)로 이루어져 있다. 첫 번째 부분은 샘창자다. 샘창자는 C 자형으로 생긴 기관으로, 길이가 손가락 열두 개를 옆으로 나란히 늘어놓은 것과 같다고 해서

'십이지장'이란 이름이 유래했다. 하지만 실제로는 그보다 더 길어 대략 25~30센티미터쯤 된다.

작은창자의 두 번째 부분은 빈창자다. 빈창자는 빠른 속도로 꿈틀운동을 하여 평상시 깨끗하게 비운 상태를 유지하기 때문에 빌 공空 자를 써 '공장'이라 불린다. 빈창자 아래 마지막 부분은 돌창자다. 샘창자를 제외하면 빈창자 부분은 작은창자 전체 길이의 5분의 2쯤을 차지하며 배안의 위쪽 절반에 구불구불 자리 잡고 있다. 돌창자는 나머지 5분의 3을 차지하며 배안의 아래 절반과 골반 안에 구불구불 자리 잡고 있다. 이 둘의 길이를 합하면 6~8미터쯤 된다.

소화 과정은 대략 이렇다. 음식물이 위에 들어오면 위벽 근육이 꿈틀운동을 하여 음식물과 위액을 충분히 섞어 암죽으로 만든다. 그런 뒤에 날문이 열려 암죽과 위액을 샘창자로 보내 소화액(췌장액, 창자액, 쓸개즙 등 포함)을 방출하여 위액의 산성을 중화하고 음식물을 분해하게 한다. 샘창자는 짧기 때문에 음식물은 바로 빈창자에 이르게 된다. 빈창자에는 많은 융모(융털)가 있어 음식물의 영양분을 흡수한다. 음식물이 빈창자에서 돌창자로 보내진 뒤에도 계속 양분이 흡수되며, 마지막으로 식물성 섬유처럼 소화효소에 의해 충분히 소화되지 않은 찌꺼기는 큰창자로 들어간다.

큰창자는 그 겉모양이 한자 부수 冂(먼데 경) 자 모양을 한 굵은 호스처럼 생겼다. 인체의 오른쪽에 위치한 막창자꼬리(충수蟲垂), 막창자(맹장盲腸), 오름잘록창자(상행결장上行結腸)가 冂 자 모양의 한쪽(오른쪽) 세로면을 이루고 있다. 상복부를 가로지르는 冂 자의 윗부분은 가로잘록창자로 위胃 아래에 위치한다. 그리고 冂 자의 왼쪽 세로면은 왼쪽 갈비뼈 가장자리에서 아래쪽으로 뻗어나간 내림잘록창자(하행결장下行結腸)다. 내림잘록창자의 끝은 신체의 중앙부를 향해 뻗어나간 연장선상에 있는데 구불잘록창자(S상 결장)라고 불리며, 여기에서 곧창자와 항문으로 이어진다.

큰창자 안에는 엄청나게 많은 미생물이 살고 있는데 그 양은 얼마나 될까? 대뇌의 무게가 대략 1.5킬로그램인데, 장내 세균들의 무게 총합이 대략 1.5킬로그램이다. 그토록 미세한 미생물도 누적되면 이런 무게가 된다. 큰창자 안에 있는 세균의 '균구菌口' 수는 대략 1백조 개가 넘는 천문학적 수치다. 이 장내 세균은 대부분 인체에 유익하거나 최소한 해롭지 않은 미생물로 식물植物의 섬유질을 소화하거나 단쇄지방산短鎖脂肪酸*과 비타민

---

* 여러 가지 지방산 중에서 이중결합이 한 개 있는 지방산. 장의 상피세포를 활성화하여 장내 암을 예방하며, 큰창자에서 쉽게 흡수되어 인체에서 생산하는 약 5~10퍼센트의 에너지원이 된다.

K와 같은 인체에 매우 중요한 영양소를 합성한다.

배 속에는 이렇게 해롭지 않은 세균 말고도 인체에 해로운 세균이 있는데 이를 유해균이라고 한다. 방대한 수량의 이런 미생물은 큰창자 안에서 안거낙업安居樂業(안정된 생활을 누리며 즐겁게 일하다)하면서 인체의 평형을 유지해준다. 하지만 불결한 음식물이 우리 몸 안에 들어오면 유해균이 빠른 속도로 대량 번식하여 이 평형이 깨진다. 그러면 큰창자 안에서 유익균과 유해균 쌍방 간에 격렬한 싸움이 벌어지는데, 이럴 경우 설사하게 된다.

큰창자 내의 세균상細菌相은 건강과 밀접한 관계가 있을 뿐만 아니라 배우자를 선택하는 데도 영향을 미친다는 흥미로운 연구 결과가 있다. 과학자들이 초파리로 실험을 했다. 한 무리에게는 맥아당을 먹이고, 또 한 무리에게는 전분을 먹였다. 그리고 여러 세대가 지난 후 두 무리를 합쳤다. 그런데 맥아당을 먹고 자란 초파리 대부분이 자기와 마찬가지로 맥아당을 먹고 자란 초파리와 교미했고, 전분을 먹고 자란 초파리 대부분은 전분을 먹고 자란 초파리와 교미했다.

과학자들은 이런 선택이 초파리 체내에 사는 공생균共生菌의 종류와 관계가 있다고 여긴다. 음식이 세균상을 바꾸고, 세균상은 페로몬에 영향을 미치며, 페로몬은 좋아하는 배우자를 선택하는 데 깊이 관여한다는 것이다. 과학자들이 초파리에게 항생제를 투여해 장내 세균을 제거하자 좋아하는 짝을 선택하는 현상이 사라졌다. 하지만 공생균을 다시 투여하자 좋아하는 짝을 선택하는 현상이 다시 나타났다. 이 연구 결과를 보고 이런 생각을 아니할 수 없었다. 만약 우리 인류도 초파리와 마찬가지라면, 이치로는 도저히 설명할 수 없는 한눈에 반하는 현상이 어쩌면 운명으로 정해진 사랑 때문이 아니라 큰창자 안에 가득한 세균 때문이 아닐까? 수많은 사람들 가운데서 자신도 모르는 사이에 그 남자나 그 여자를 사랑하게 되는 것은 '마음'이 통해서가 아니라 '창자'가 통해서가 아닐까?

큰창자는 사실 매우 재미있는 기관이다. 최근 장 바이러스 연구가 활발해지면서 다음과 같은 사실이 밝혀졌다. 창자의 역할은 우리가 그동안 알던 통념인 소화와 배설로 끝나는 것이 아니다. 창자 안은 매우 복잡한 신경계통, 면역계통 그리고 많은 내분비 세포가 있다. 이것들이 분비하는 호르몬에 미생물의 작용이 더해져 혈액을 타고 인체를 순환하면서 수많은 기관에 영향을 미친다.

최근 많은 관심을 끌고 있는 '뇌-장축brain-gut axis' 개념은 장과 대뇌가 서로 연결되어 있어 상호작용을 한다는 사실을 설명해준다. 중추신경계와 자율신경계는 장신경계와 밀접한 관계가 있다. 연구에 따르면 장의 환경 상태와 장내 세균상의 평형 여부 역시 대뇌의 상태에 영향을 미친다. 일부 연구에서는 우울증과 자폐증도 장내 세균상의 구성 및 장의 환경과 관계가 있다고 밝히고 있다.

어렸을 때 누가 '맹장염(막창자염)'에 걸려 병원에 가서 맹장을 떼어냈다는 말을 종종 들었는데, 사람들의 입에 오르내리던 '맹장염'은 사실 '충수염(막창자꼬리염)'이라고 해야 한다.

막창자는 오른쪽 엉덩뼈 부위에 있으며, 외형은 막다른 골목처럼 생겼다. 초식동물의 경우 식물을 많이 먹으면 대부분 막창자 부위에 쌓였다가 장내 세균으로 발효시켜 천천히 소화하기 때문에 이들의 막창자는 몸 크기에 비해서 상당히 크다. 하지만 인류의 막창자는 4, 5센티미터 정도로 짧다. 막창자꼬리는 막창자 뒷면에 붙어 있는데, 속이 빈 좁은 대롱으로 마치 지렁이처럼 생겼다.

막창자꼬리가 막창자와 아주 가까이 있어 사람들이 흔히 막창자꼬리염을 막창자염으로 잘못 아는데, 정확하게 말하자면 막창자꼬리염이다. 막창자꼬리염은 보통 막창자꼬리가 막혀 염증이 생긴다. 막히는 원인은 분석糞石 때문이거나 주변 림프샘에 염증이 생겨 부어올랐기 때문이며, 심지어 기생충 때문에 생기기도 한다. 막창자꼬리가 막히면 내강內腔 안의 압력이 높아져 내막內膜이 짓무르게 된다. 그러면 세균이 증식하여 막창자꼬리

벽에 침입하는데, 이때 열이 나고 극심한 복통이 생긴다.

염증이 심하면 수술하여 막창자꼬리를 떼어내야 한다. 옛날에는 막창자꼬리가 아무런 쓸모없는 퇴화 기관이라서 떼어내도 큰 문제가 되지 않는다고들 여겼다. 과연 정말로 그럴까? 연구에 따르면 막창자꼬리의 역할은 면역과 관계가 있다. 막창자꼬리에는 많은 림프소절이 있는데, 이 림프구와 항체는 어떤 세균이 아군인지 판별하여 큰창자 안에 안주할 수 있도록 통과시키는 역할을 한다. 감염이나 질병으로 장내 세균상이 평형을 잃었을 때 막창자꼬리도 신체가 정상적인 세균상을 복구할 수 있게 돕는다.

그렇다면 왜 막창자꼬리를 떼어내도 큰 문제가 되지 않는 것처럼 보일까? 다른 장관관련腸管關聯 림프조직들이 막창자꼬리의 역할을 대신해주어 신체가 정상적으로 돌아가기 때문이다. 그래서 막창자꼬리염에 걸리면 다른 방법이 없는 어쩔 수 없는 상황에서 그나마 덜 나쁜 쪽을 선택해 막창자꼬리를 떼어내는 것이다.

어떤 연구에서는 장 감염으로 염증이 생겨 항생제로 치료한 뒤 막창자꼬리가 없는 사람은 막창자꼬리가 있는 사람보다 상대적으로 질병 재발률이 높다는 사실을 밝히고 있다. 모두들 건강해서 막창자꼬리를 떼어내야 하느냐 마느냐와 같은 이러기도 어렵고 저러기도 어려운 상황에 부딪치지 않았으면 좋겠다.

막창자에서 간의 오른쪽 아랫부분까지 뻗어나간 큰창자가 오름잘록창자다. 간에 이른 다음 왼쪽으로 굽어져 배꼽 부위를 가로지르는 부분이 가로잘록창자다. 지라에 이르러 아래로 굽어져 왼쪽 엉덩뼈 구역에 자리 잡은 부분이 내림잘록창자다. 오름잘록창자와 내림잘록창자는 모두 복막 뒷부분에 고정되어 있어 거의 움직이지 않는다. 가로잘록창자는 양쪽 끝부분만 복막에 끼워 있어 그 모양이 빨랫줄처럼 생겼으며, U자형으로 약간 늘어져 있다.

내림잘록창자는 골반 입구까지 뻗어나간 뒤 구불잘록창자와 연결된다. 그다음은 곧창자로 골반 바닥을 가로질러 항문肛門과 연결된다. 장을 들어낼 때 곧창자 부위를 잘라내 창자 전체를 들어내고 나머지 부분만 시신 스승의 몸 안에 남겨둔다. 이 부분은 들어내지 않는다.

실험실로 다시 돌아와 시신 스승으로 복습

배안에는 위장 말고도 많은 기관이 들어 있다. 그야말로 '배 속 가득한 학문'이다. 그래서 교실에서 열심히 배웠어도 막상 임상에 응용할 때는 어려움에 부닥칠 수밖에 없다.

작년의 일이다. 이미 졸업하여 외과 레지던트를 하고 있는 네다섯 명의 학생들이 방과 후에 다시 실험실에서 배안의 어떤 구조가 어느 위치에 있는지 관찰할 수 없겠냐고 문의해왔다.

배안의 장기들은 빽빽하게 들어서 서로 밀착되어 있다. 위는 샘창자와 붙어 있고 샘창자는 췌장을 둘러싸고 있고 췌장 부근에는 위창자간막동맥과 복강동맥과 같은 두 개의 큰 혈관이 있어 여유 있는 공간이 거의 없다. 그러다 보니 이 레지던트들이 담당의를 따라 수술실에서 학습하면서 때로는 선배인 주치의가 도대체 어떤 시각에서 관련 구조를 찾아내는지, 어떻게 관련 혈관을 찾아 묶어 지혈하는지 파악하기가 쉽지 않았던 것이다.

이들은 학생 시절에 삐뚤어지거나 주의가 산만한 사람이 아니었고 시험도 잘 봤다. 하지만 임상치료와 실험 수업은 차이가 있다. 실험 수업을 할 때는 똑똑히 볼 수 있도록 시신 스승의 몸을 길게 절개하거나 장기를 움직여 옮기기도 한다. 그뿐만이 아니다. 학생들은 그 많은 구조를 훑어보기만 하고 즉시 주위의 연결 부분을 절제하고 기관을 들어낸다.

하지만 실제 수술에서는 환자의 부담을 줄이기 위해 절개를 최소화해야 하고 반드시 모든 기관을 원래의 위치에 보존해야 하며, 다른 구조에 손상을 입히지 않아야 한다는 전제 아래 병소를 찾아 정확하게 처치해야 한다. 이런 경지에 이르려면 혈관, 림프샘, 장기의 상대적 위치를 눈을 감고도 찾을 정도로 정확하게 알아야 한다.

주치의가 수술 과정에서 설명해주긴 하지만 수술대에 누워 있는 것은 시신이 아닌 두 눈을 시퍼렇게 뜨고 살아 있는 환자다. 수술을 빨리 마쳐야 환자의 부담을 줄일 수 있다. 환자의 가슴이나 배를 열어놓고 여유를 부리며 상세히 설명할 겨를이 없다. 그래서 이 레지던트들은 다시 학교의 실험실로 돌아올 생각을 한 것이다. 이들에게 필요한 요령이나 기교는 아마도 시신 스승에게 가르침을 부탁해야만 얻어낼 수 있을 것이다.

햇병아리 의사들이 자존심을 내려놓고 겸손한 마음으로 실험실로 돌아오니 기쁜 마음을 감출 수 없었다. 그만큼 환자를 진지하고 신중한 태도로 대한다는 의미가 아닌가. 의사의 의술이 뛰어날수록 환자의 고통은 줄어드는 법이다. 나는 그들이 시신 스승으로 복습할 수 있도록 기꺼이 중간에서 조율했다. 다만 낮 시간에 후배들이 수업하는 데 지장을 주지 않도록 절대로 시신의 구조를 헝클어뜨리지 말라고 수차례에 걸쳐 정중하게 훈계했고, 그들의 확답을 받은 다음 허락했다.

실험실에 돌아온 그날, 그들은 학생 때보다 더 진지하게 집중했다. 구조의 상대적 위치에 대해 토론할 때 나는 조급한 마음으로 하마터면 끼어들어 한마디 할 뻔했다. 그들이 재빨리 나를 저지하며 말했다.

"선생님, 말씀하지 마세요. 저희가 찾을게요."

옳다. 맞는 말이다. 살아 있는 스승인 내가 양보하여 시신 스승이 가르치도록 해야 구조가 그들의 뇌리에 더 깊이 새겨질 테니 말이다.

그 레지던트들이 시신 스승을 둘러싸고 인체의 신비함을 연구하는 모습을 옆에서 지켜보자니 문득 감동이 밀려왔다. 시신 스승이 '몸을 허락'하는 사랑으로 이 젊은이들이 앞으로 의술을 베풀면서 더 많은 사람을 병고에서 구할 수 있도록 한 것이다. 종말과 지속, 사망과 구원이 이 순간에도 교차하고 있으니 얼마나 아름다운 인연인가.

이것이 바로 육안해부학 과목의 특별한 점이다. 우리 살아 있는 스승들이 학생들을 데리고 지상담병紙上談病*이나 하며 육안해부학 수업을 진행하는 것이 아니다. 만약 시신 스승이 아낌없이 헌신하여 공동 지도하지 않고, 수업이나 듣고 책이나 읽는 방식에만 의존한다면 절대로 속속들이 배울 수 없을 것이다.

그러기에 이 레지던트들이 돌아와 시신 스승을 찾아 복습하

---

* 종이 위에서 '병病'을 논한다는 말로, '종이 위에서 병법을 논한다'는 뜻의 고사성어 '지상담병紙上談兵'을 패러디 한 말.

는 것이다. 배 속 가득한 이 학문은 실로 복잡하기 짝이 없다. 본장의 한 개 장章을 할애하여 겨우 배안의 위胃와 창자에 대해서만 설명했을 뿐이다. 간, 쓸개, 췌장, 콩팥 등의 기관은 아직 소개도 하지 못했다. 이것들은 다음 장에서 설명할 것이다.

배 속 가득한 지식 2

다섯 번째 수업: 간·쓸개·췌장·지라·콩팥 해부

학생들은 3주 동안 배안과 관련된 교과과정을 공부한다. 이 정규 교과과정을 공부하는 것 말고도 2주에 걸쳐 실험실에서 해부 실습을 한다.

배안은 장기가 매우 많기 때문에 일반인들은 배안이 아마 의대생들이 공부하기 가장 힘들어하는 부위라고 생각할 것이다. 하지만 사실을 말하자면 의대생들 대부분은 배안 해부가 그나마 쉽다고 느낀다. 배 속에 들어 있는 장기들은 어릴 때부터 자주 들던 것들이다. 다만 직접 볼 기회가 없었을 뿐이다. 그렇지만 다른 동물의 내장을 보고 상상해볼 수는 있었을 것이다. 이제 실제로 접촉할 수 있는 기회가 생기자 학생들이 흥분하여 교실 여기저기에서 놀라 감탄하는 소리가 들린다.

"어머나! 위가 이렇게 납작하게 생겼다니!"

"창자는 내장탕 속에 들어 있는 돼지 곱창하고는 완전 다르게 생겼잖아!"

배안을 해부할 때 학생들은 이전에 본 적 있거나 먹어본 가축의 내장을 예로 들어 비교하곤 한다. 이것이 시신 스승에 대한 무례와 불경을 의미하지는 않는다. 대부분의 사람들이 내장을 접할 수 있는 기회는 대개 가축의 내장을 보거나 먹을 때밖에 없다. 그러므로 사람의 내장을 보면서 가축의 내장과 비교해 논하는 것은 그다지 이상한 일이 아니다. 오히려 그렇기 때문에 배안 관련 지식을 학습할 때 생소하지 않고 얼마간 친근감이 들어 빠른 시간 안에 해부에 몰입할 수 있게 되지 않을까?

배안에 장기가 많기 때문에 학생들이 제대로 배웠는지 확인하기 위해 시험문제를 낼 때 교수들은 비교적 중요한 부분을 출제한다. 그래서 다른 부위의 시험문제처럼 까다롭지 않다. 물론 학생들이 배안 해부 과정을 공부할 때 받는 스트레스도 상대적으로 가볍다.

정말로 스트레스가 심하고 고통스러운 과정은 2주에 걸친 해부 실험이다. 육안해부학의 전체 과정 중 가장 '냄새가 심한' 과정이기 때문이다. 츠지 대학에서는 방부제를 시신 스승의 혈관에 직접 주입하는 방부 방식을 쓰고 있어 전통적인 '담그는 방식'보다 냄새가 훨씬 약하다. 하지만 그렇다고 해서 냄새가 없는 것은 아니다. 인체 해부 시 냄새가 가장 독한 부위가 가슴안과 배안이다. 이 두 부위는 밀폐된 공간이기 때문에 열면 안에 갇혀 있던 포르말린 냄새가 순식간에 공기 중으로 흩어져 눈과 코의 점막을 자극한다. 배안 안의 장기에는 혈관이 사방에 분포되어 있는 데다 포르말린 냄새를 흡착하고 있는 지방이 너무 많아 그 냄새는 가슴안보다 더 코를 찌른다. 배안을 해부하는 2주 동안 학생들은 눈물과 콧물이 뒤범벅된 얼굴로 나날을 보내는데, 옆에서 보기에 참으로 가련할 정도다.

하지만 이 점만 빼면 배안 해부는 학생들이 상당히 흥미로워하는 과정이다. 일단 생소하지 않은 데다, 인체의 질병이 대부분 배안에서 발생하기 때문에 학생들이 배운 각종 지식과 대조하거나 결부하여 이해할 수 있는 것이다. 내 경험에 따르면 학생들은 이 과정을 공부하면서 엄청 재미있어한다.

간, 재생 능력을 가진 신비한 기관

앞 장章에서 위胃와 창자에 대하여 공부했는데, 배안에는 그 외에도 흥미로운 장기가 많다.

먼저 살펴볼 것은 간이다. 간은 인체 안에서 가장 큰 기관으로 무게는 대략 1.5킬로그램이다. 오른쪽 윗배에 있으며 가슴 안의 오른쪽 허파와 얇은 가로막을 가운데 두고 마주하고 있다. 간의 위쪽 가장자리는 다섯 번째 늑간에 위치하며(어떤 자료에는 여섯 번째 늑간으로 되어 있다. 권위 있는 해부학 저서 《그레이 해부학Gray's Anatomy》에 따르면 호흡할 때 간의 위쪽 가장자리가 이르는 가장 높은 위치는 오른쪽이 다섯 번째 갈비뼈, 왼쪽은 다섯 번째 늑간이다), 수평으로는 왼쪽 갈비뼈까지 뻗어 있고, 오른쪽 아랫부분은 오른쪽 갈비뼈의 아랫부분(복부-갈비뼈 경계부)까지 내려와 있다. 그러니까 간은 우리가 생각하는 것보다 높은 곳에 있는 것이다. 간은 오른쪽 갈비뼈로 둘러싸인 흉곽이 앞뒤로 보호하고 있다. 현미경으로 간 조직을 보면 많은 육각형 조직이 촘촘히 배열된 구조인데, 이 육각형 조직을 간소엽肝小葉이라 한다. 간소엽의 정중앙은 간정맥 분지고, 간소엽 주위에는 소엽사이동맥(소엽간동맥小葉間動脈)이 있어 영양분과 산소를 간세포에 운반한다.

건강한 간이건 질병이 있는 간이건 포르말린 고정을 거치고 나면 색깔은 둘 다 검붉은 색으로 비슷한데, 차이가 있다면 암 종양이 있던 자리는 희끄무레하거나 노리끼리하다.

간암에 걸렸던 시신 스승의 간은 다른 시신 스승의 것보다 확연히 크다. 심지어 정상 크기의 1.5배 이상으로 체강에서 들어내기 어려울 만큼 크며, 그 위에는 공 모양의 결절(結節)들이 퍼져있다. 수업 시간에 어느 부위를 해부하든지 우리는 학생들에게 되도록 최소한 훼손하고 필요치 않으면 과도한 절개를 하지 않도록 가르친다. 그래서 이런 상황에 부닥치면 학생들의 고생은 말로 다 할 수 없을 정도다. 어떤 때는 손조차 집어넣기 어려워 두 배 이상의 시간을 써야 겨우 간을 들어낼 수 있다.

해부대 위에서 지방간이 있는 간을 정확히 분별해내기는 쉽지 않다. 지방간이라고 하니까 사람들은 간 주위에 지방층이 한 겹 덮고 있을 것으로 생각하는데 실제는 그렇지 않다. 지방간은 간세포 안에 많은 지방이 있는 것을 말한다. 이 과다한 지방은 기름방울 형태로 간세포 안에 존재하는데 다른 조직이나 체액과 밀도가 다르기 때문에 초음파로 검사해야 찾아낼 수 있다.

간을 들어낸 뒤 간의 분엽(分葉)에 대해 익힌다. 간은 서로 다른 혈관이 공급되는 것을 기준으로 하여 여러 개의 분엽으로 나뉘는데 임상에서는 심지어 여덟 개의 소구역(간절肝節)으로 세분하기도 한다. 하지만 육안해부학에서는 네 개의 분엽으로 나누어 관찰한다.

정면에서 관찰하면 간이 왼엽(좌엽左葉)과 오른엽(우엽右葉)으로 나뉜 것을 똑똑히 볼 수 있다. 오른엽이 왼엽보다 크며, 두 엽

사이에 낫인대(겸상인대鎌狀靭帶)가 있어 두 엽으로 나뉜다. 이 구조 아래쪽 끝의 둥근 밧줄 모양의 인대는 간원인대肝圓靭帶다. 이 인대는 태아 때 엄마에게 산소가 충만한 피를 받아서 태아의 체내에 공급해주는 배꼽정맥(제정맥臍靜脈)이었는데 출생 후에 퇴화되어 인대가 된 것이다. 간 뒷면의 아래쪽을 펼치면 H 자 모양의 균열을 관찰할 수 있는데, 오른쪽 수직선은 아래대정맥과 아래쪽의 쓸개로 이루어졌고, 왼쪽 수직선은 뒤로 뻗어나가는 낫인대와 간정맥인대로 이루어졌다. 가운데의 가로금은 혈관이 드나드는 간문肝門이다. 이 H 자 모양으로 구획을 나누면 간의 네 개 엽을 똑똑히 볼 수 있는데, 두 수직선을 기준으로 왼엽과 오른엽이고 H 자 모양으로 둘러싸인 위쪽과 아래쪽은 각각 꼬리엽(간미상엽肝尾狀葉)과 네모엽(간방형엽肝方形葉)이라고 한다.

간은 강한 재생 능력을 가지고 있는 신비롭고 기이한 기관이다. 얼마 전 신문에 난 사실이다. 아버지가 간경화 합병증으로 간암에 걸려 간이식을 받는 방법 외에는 다른 선택이 없었다. 네 명의 아들이 이 사실을 알고는 아버지에게 서로 간을 주겠다고 했다. 결국 제비뽑기를 해서 셋째 아들이 뽑혔다. 열두 시간의 수술을 거쳐 아들은 자기 간의 3분의 2를 주어 아버지의 목숨을 살렸다. 수술 뒤 두 부자가 윗옷을 들어 올려 길다란 수술 자국을 보여주는 사진이 신문에 실렸는데 자못 감동적이었다.

간을 다른 사람에게 줄 수 있는 이유는 간세포가 특수화된 상피세포로 재생 능력을 가지고 있기 때문이다. 그래서 심각한 간 질환을 가진 환자들도 생체 간 이식수술을 하면 삶을 되찾을 수 있다. 수술한 뒤 일정 시간이 지나면 간의 크기는 원래의 90퍼센트 이상 회복된다. 하지만 간이 재생된다는 것은 왼쪽 간이나 오른쪽 간을 잘라내고 얼마간의 시간이 지난 뒤 잘라낸 간이 온전한 간으로 자라는 것을 가리키는 것이 아니라, 잘라내지 않은 나머지 부분이 세포분열로 세포 수가 증가하거나 대상代償작용*으로 크기가 커지는 것이다.

쓸갯돌과 내시경

간은 인체의 화학 공장으로 영양소의 대사와 저장, 쓸개즙(담즙膽汁) 생산, 해독, 적혈구 분해 등의 역할을 담당한다. 그중 소화에 필요한 쓸개즙을 만드는 것은 간의 중요한 기능 가운데 하나다. 쓸개즙은 간소엽 사이에 있는 쓸갯길(담관膽管)에서 모아들여 쓸개에 저장한다.

---

* 생체 기관의 일부가 장애를 받거나 없어졌을 때 나머지 부분이 커져서 부족을 보충하거나 다른 기관이 그 기능을 대신하는 일.

쓸개는 간 아래쪽에 있는 배 모양의 조직으로 길이는 8~10센티미터, 너비는 2~4센티미터다. 많은 사람들이 쓸개에서 쓸개즙을 만든다고들 알고 있는데, 사실 쓸개는 쓸개즙을 농축하고 저장하며, 샘창자로 쓸개즙을 내보내 소화를 돕는다. 쓸갯돌(담결석膽結石)이 생기는 원인은 매우 많다. 보통 쓸개즙 안의 콜레스테롤이 과포화 상태가 되면 쓸개즙이 지나치게 끈적거리게 되거나, 심지어 결정체가 되어 쓸갯돌로 변한다. 쓸갯돌이 쓸개를 압박할 만큼 커지면 염증이 생겨 통증을 일으킨다. 약물 치료가 불가능할 경우 외과 수술로 쓸개를 떼어내야 한다.

우리 어머니도 몇 년 전에 쓸갯돌이 생겼는데 쓸갯돌이 쓸개에 꽉 찰 만큼 컸다. 의사는 쓸개를 들어내자고 건의했다. 어머니는 수술해야 한다는 사실을 알고 무척이나 두려워했다. 오래전에 큰외삼촌이 간 수술을 받았는데 수술 뒤 배에 벤츠 엠블럼처럼 생긴, 보기만 해도 끔찍한 수술 자국이 남았기 때문이다. 어머니는 외삼촌을 문병하러 갔다가 이 수술 자국을 보고 크게 놀랐다.

쓸개는 간에 덮여 있다. 그래서 어머니는 배를 길게 절개해야만 쓸갯돌을 제거할 수 있는 것으로 안 데다, 수술이 끝난 다음 얼마나 아플까 생각하니 걱정이 이만저만이 아니었던 것이다. 하지만 어머니는 쓸데없는 걱정을 한 것이다. 초기에는 쓸갯돌

수술을 할 때 개복수술 방법을 썼다. 오른쪽 상복부에 15센티미터가량 절개하고 수술을 했으니 수술 자국도 꽤나 컸다. 하지만 최근의 쓸갯돌 수술은 대부분 내시경을 통해 간단히 수술하는 최소 침습 수술 방법을 쓰고 있다. 서너 군데 작은 절개창만 내면 되어 통증이 크게 줄었으며 수술 후 회복도 빠르다.

수술 부위가 작은 최소 침습 수술은 대세가 되었다. 우리 학교 모의의학센터에서는 학생들이 이 수술에 익숙해지도록 내시경 시뮬레이터를 구입해서 제공하고 있다. 재학생은 물론이고 동문들도 와서 연습할 수 있다.

이 설비는 겸자와 가위 등 각종 소형 정밀 기구를 포함하고 있으며 앞부분에는 촬영용 핀 홀 렌즈Pin hole Lense가 있다. 반드시 두 눈으로 형광 스크린을 주시하며 30분 이상 조작해야 하는 기기다. 훈련 난도에 등급이 있으며 훈련 내용은 다양하다. 예를 들면 집게를 조작하여 특정 색깔의 BB탄을 집어 올리는 훈련이 있다. 어떤 때는 BB탄 아래 한천이 한 층 깔려 있어 학생들은 이 무른 한천 층을 손상하지 않고 BB탄을 집어내야 '관문을 통과'하게 된다. 이 밖에도 집게를 조작해 포도 껍질 벗기기, 해면 커팅하기, 자르기와 걷어잡기 같은 연습 항목이 있다. 듣기에는 오락 같지만 실제로 조작하다 보면 도전 정신이 생긴다. 학생들이 형광 스크린을 보면서 하는 수술에 익숙해지고, 내시경을 자신의 손처럼 다룰 수 있도록 이런 훈련을 하는 것이다.

외과는 '손재주'를 중시하는 학문이다. 대담하고 세심하며 신중해야 분초를 다투는 상황에서 냉정하고 신속하게 판단을 내려 병소를 정확하게 처리할 수 있다. 그야말로 고난도의 일로, 반복적으로 연습해야 숙련된 경지에 이를 수 있다. 내시경 훈련은 학점이 없는 과목이지만 우리 과에서는 학생들이 더 많은 시간을 할애해 기술을 연마하여 덕과 기술을 겸비한 훌륭한 의사가 되기를 바라고 있다.

어머니 이야기로 돌아가자. 어머니는 내시경 수술로 쓸갯돌을 제거했는데 그 크기가 올리브 열매만 했다. 나는 어머니에게 농담 한마디 던졌다.

"어머니, 만약 이거 꺼내지 않았으면 돌아가신 뒤 화장했을 때 큰 사리가 나올 뻔했어요."

어머니는 쓸개를 떼어낸 뒤 빠르게 건강을 회복했다. 쓸개는 저장하는 '용기'이므로 쓸개를 떼어내도 쓸개즙은 여전히 간에서 만들어진다. 다만 저장할 수 없을 뿐이다. 그래서 고지방 식품을 섭취하면 소화가 잘되지 않는다. '쓸개 없는 사람'이 된 어머니는 기름지지 않고 담백한 음식을 먹어야 한다. 이것 말고는 일상생활에 큰 불편은 없다.

쓸개에 대해 이야기하다 보니 이전에 실험하다 발견한 사실이 생각난다. 왜 중국어와 한국어에서는 쓸개(담)의 크기로 용기를 재는지 모르겠다.* 매우 겁이 많은 것을 비유적으로 이르는 사자성어 '담소여서膽小如鼠'는 직역하면 '쥐새끼처럼 담이 작다'는 뜻을 가지고 있다. 그런데 사실 많은 쥐들에겐 쓸개가 없다. 실험용 쥐rat는 천성적으로 쓸개가 없다. 오히려 체형이 작은 쥐mouse가 그나마 아주 작지만 쓸개가 있는 녀석이다. 어쨌든 쥐mouse의 쓸개는 매우 작으니 '담소여서'는 맞는 말이다.

내분비기관이자 외분비기관인 췌장

간과 쓸개 말고도 후복벽을 해부하기 전에 췌장과 지라도 관찰해야 한다.

췌장은 콩팥과 마찬가지로 복막 뒤에 있는 기관이다. 하지만 위, 샘창자, 췌장, 지라의 혈액이 하나의 대동맥에서 공급되기 때문에 해부할 때 배안의 소화기관과 함께 들어낸다. 췌장은 샘창자와 아주 가까이에 있다. 췌장의 머리 부분은 샘창자와 맞닿아 있고 꼬리 부분은 지라와 맞닿아 있다. 이처럼 인접해 있는

---

* 두 언어 모두 겁이 없고 배짱이 두둑한 것을 이르러 담대膽大하다고 하고, 겁이 많고 배짱이 없는 것을 이르러 담소膽小하다고 한다.

'지연 관계'와 위에서 말한 혈관의 분포 때문에 샘창자 해부 때 이 두 개의 기관도 함께 관찰한다.

췌장은 위_胃 뒤에 있는데, 그 머리 부분은 샘창자의 C 자형 굴곡 속에 파묻혀 있으며, 후복벽을 가로질러 왼쪽의 지라가 있는 곳까지 뻗어 있다. 췌장은 옅은 황색으로 모양은 긴 갈고리나 긴 자처럼 생겼다.

췌장의 특별한 점은 '내외를 겸비'했다는 것이다. 내분비기관이자 외분비기관이기 때문이다. 내분비와 외분비는 어떻게 구별될까? 간단하게 말하자면, 내분비는 혈액과 온몸에 분포되어 있는 혈관을 통해 특정 호르몬을 운반하는 것이고, 외분비는 전용 통로를 통해 특정 분비물을 운반하는 것이다. 췌장은 혈액 속 포도당의 양을 일정하게 유지시키는 호르몬인 인슐린과 혈당량을 높이는 역할을 하는 호르몬인 글루카곤을 분비한다. 이들은 혈액 순환계에 들어가 혈당의 평형을 유지시킨다. 그래서 내분비기관이다. 췌장은 또 췌관膵管(이자관)을 통해 샘창자에 췌액膵液(이자액)을 보내 소화를 돕는다. 그래서 외분비기관이기도 하다.

지라, 사실은 소화기관이 아니야

췌장의 꼬리 부분에 지라가 있다. 지라는 길이 약 12센티미터, 너비 약 7센티미터 되는 기관으로, 왼쪽 상복부의 아홉 번째 갈비뼈에서 열한 번째 갈비뼈 사이에 있다. 약간 검붉은 색을 띠고 외관은 말발굽 형태의 삼각형에 가까운 모양이다. 지라의 한쪽 끝은 볼록하고 가로막의 아래쪽에 붙어 있으며, 또 다른 끝은 약간 투박한데 그리로 혈관이 드나든다.

중의학中醫學에서는 음식물이 '비위脾胃', 즉 지라와 위에서 소화된다고 여겼다. 그래서 많은 사람들이 지라도 소화기관이라고 생각한다. 하지만 인체 내에서 지라의 역할을 놓고 말하자면 지라는 소화기관이 아니라 면역기관이다. 인체 내에서 가장 큰 면역기관으로 혈액을 여과하고 저장하는 기능도 가지고 있다.

지라에는 혈관이 매우 많고 표막이 연약해서 자동차 사고 같은 큰 충격을 받으면 파열될 수 있으며, 그렇게 되면 많은 혈액이 배안으로 흘러들어간다. 상황이 심각하면 수술을 통해 치료하든지 아니면 떼어내야 한다.

후복벽 탐구

배안에 있는 대부분의 장기를 들어내면 작업의 절반가량을 마친 셈이다. 이제 위와 창자 뒤쪽에 있는 후복벽을 해부해야 한다.

후복벽을 해부할 때 먼저 가로막을 찾도록 가르친다. 가로막은 골격근, 즉 맘대로근이어서 호흡할 때 의식적으로 가로막이 올라갔다 내려갔다 하도록 조절할 수 있다. 가로막과 간은 인대로 서로 연결되어 있다. 학생들에게 좀 더 깊은 인상을 심어주기 위해 묻는다.

"여러분, 포장마차에서 갈매기살 먹어본 적 있나요? 그 부위가 바로 가로막이에요."

장기들을 들어내면 후복벽에 남아 있는 많은 중요한 혈관을 볼 수 있는데, 가장 뚜렷이 보이는 것은 배대동맥과 아래대정맥이다. 이 두 혈관은 찾기가 쉽다. 이 혈관들은 시신 스승의 등뼈와 허리뼈(요추腰椎) 위에 누워 있는데, 혈관의 지름은 가정용 수도꼭지에 끼우는 고무호스만큼 굵어(물론 혈관벽은 고무호스보다 훨씬 얇다) 쉽게 식별할 수 있다. 전신에 퍼져 있는 다른 혈관들과 마찬가지로 배대동맥도 상당히 탄력성이 있다. 아래대정맥은 약간 함몰되어 있다.*

심장이 짜 보낸 혈액은 가슴안에서 가로막의 대동맥구멍(대동맥열공大動脈裂孔)을 지난 다음 배대동맥으로 들어간다. 배대동맥에서 많은 대형 동맥들이 분지해 복부의 장기들에 혈액을 공급한다.** 배대동맥은 매우 중요한 혈관으로, 복부에 심한 충격을 받거나 동맥 안쪽의 압력으로 동맥 일부가 팽창하여 지름이 아주 큰 동맥류動脈瘤가 생기면 혈관이 파열되어 출혈하게 되며 그 결과는 예측하기 어려울 정도로 심각하다. 아래대정맥은 가로막 아래의 모든 구조에서 오는 혈액을 오른심방으로 보내주는 혈관이다.

배대동맥은 아주 굵어서 찾기가 손바닥 뒤집기만큼이나 쉽다. 정작 신경을 써야 할 것은 위, 간, 지라 등에 공급되는 복강동맥, 콩팥동맥(신동맥腎動脈), 여성의 난소동맥과 남성의 고환동맥 그리고 위창자간막동맥과 아래창자간막동맥 등과 같은 배대동맥의 중요한 분지동맥들이다.

우리 교수들이 실험실에서 번거로움을 마다하지 않고 학생들에게 각종 장기를 들어낼 때 마치 살얼음판을 걷는 것처럼 조심

---

* 배대동맥은 탄력성이 있어 볼록 튀어나왔지만 아래대정맥은 약간 납작하게 생겨 마치 함몰되어 있는 것처럼 보인다.
** 배대동맥에서 분지한 대형 동맥으로는 총간동맥總肝動脈, 비동맥脾動脈, 좌위동맥左胃動脈 등이 있다.

하고 신중하라고 신신당부하는 까닭은 잠깐의 부주의로 말미암아 이어지는 다음 관찰에 영향을 끼치기 때문이다. 학생들이 지시에 잘 따르고 조심하면 혈관들을 무난하게 추적할 수 있다.

인체의 여과기 콩팥

후복벽에서 가장 중요한 기관은 콩팥이다. 콩팥은 누에콩(잠두蠶豆)을 빼닮은 모양이며, 12번 등뼈에서 3번 허리뼈 사이에 있다. 콩팥은 두 개인데, 이 두 개가 완전한 대칭 위치에 있는 것은 아니다. 오른쪽 콩팥은 그 위쪽에 간이 있어서 왼쪽 콩팥보다 조금 낮은 위치에 있다.

인터넷에서 소름 끼치게 놀라운 도시 괴담을 본 적이 있다. 미국의 한 대학생이 경축 모임에서 많은 술을 마시고 모종의 약물까지 흡입했다. 그리고 미친 듯이 즐기다가 인사불성이 되었다. 얼마나 지났을까? 정신이 돌아온 그는 얼음이 가득 담긴 욕조에 누워 있는 자신을 발견했다. 가슴에는 붉은 립스틱으로 '911에 연락하지 않으면 당신은 죽게 된다'고 쓰여 있었다. 거울을 보니 등 아래쪽에 두 개의 상처가 있었다. 콩팥을 도둑맞은 것이다. 이 글의 말미에는 목하 이런 신형 범죄가 기승을 부리고 있는데, 주로 여행자들을 타깃으로 삼고 있으니 경각심을 늦추지 말라는 경고가 적혀 있었다.

이런 괴담이 전혀 근거 없는 이야기는 아니지만 해부학을 가르치는 사람으로서 정말 터무니없다는 생각이 든다. 콩팥은 후복벽에 자리 잡고 있으며 일부분은 갈비뼈로 덮여 있다. 게다가 배대동맥과 연결되어 있어 콩팥을 적출하는 것은 보통 복잡하고 큰 공사가 아니다. 전문적인 의료 장비도 없는 곳에서 그렇게 빠르고 정확하게 콩팥을 적출할 수 있다니. 게다가 그 운수 사나운 피해자는 죽지 않고 살아나 정신을 차리고 911에 전화하고, 별 지장 없이 거울 앞까지 걸어가 자기 등 뒤에 난 상처를 보고 질겁하다니. 콩팥을 떼어간 사람이 블랙잭*이었나? 만약 이식하려고 콩팥을 훔친다면 사전에 이식할 수 있는지 정밀 검사를 해야 한다. 콩팥이 무슨 수도꼭지처럼 마음대로 뜯어내고 바꿀 수 있는 것이 아니다. 하지만 이런 괴담은 꽤 사실적이어서 아마 많은 사람을 두려움에 떨게 했을 것이다.

이야기를 본론으로 되돌려 우리 학교 해부대로 돌아가자. 콩팥을 찾은 다음에는 그 모양과 내부 구조를 자세히 관찰한다. 콩팥은 한 겹의 근막으로 싸여 있어 이 근막을 잘라내야 그 안

---

* 데자키 오사무의 애니메이션《블랙잭》의 주인공으로 뛰어난 솜씨를 가진 무면허 의사.

의 장기를 관찰할 수 있다. 어떤 시신 스승의 콩팥은 결절이나 물혹(낭종) 혹은 종양이 있어 관찰하기 좋지 않다. 그런 경우 학생들에게 상대적으로 괜찮은 콩팥을 골라 반으로 쪼개 속의 구조를 관찰하도록 가르친다.

콩팥의 겉층은 콩팥겉질(신피질腎皮質)이고, 가운데는 콩팥속질(신수질腎髓質)이다. 콩팥겉질은 속까지 뻗어 들어가 콩팥속질을 여러 개 삼각형 모양의 콩팥피라미드(신추체腎錐體)로 나눈다. 콩팥피라미드의 끝은 작은 콩팥잔(소신배小腎杯)으로 에워싸여 있고 이 작은 콩팥잔들은 큰 콩팥잔(대신배大腎杯)으로 모인다. 콩팥잔(신배腎杯)은 깔때기 모양의 구조다. 작은 콩팥잔은 작은 컵으로 비유할 수 있다. 이 작은 컵으로 소변을 모아 더 큰 컵에 부으면 다시 콩팥깔때기(신우腎盂)가 이를 받아 요관尿管(오줌관)을 통해 방광肪胱(오줌통)으로 보낸다.

콩팥은 인체의 여과기다. 콩팥은 100만 개가 넘는 콩팥단위(신단위腎單位, 네프론nephron)로 이루어졌다. 콩팥단위는 한 개의 콩팥소체(신소체腎小體)와 여기에서 뻗어나간 세뇨관細尿管으로 이루어져 있는데 이 작은 단위들은 아주 미세해서 육안으로는 보이지 않는다. 육안해부학에서 콩팥에 대해 공부하는 주간에 조직학에서는 콩팥 조직의 일부를 얇게 잘라 관찰한다. 학생들은 이 두 과목을 통해 사구체(絲球體, 토리)와 사구체를 감싸고 있는 보먼Bowman주머니(토리주머니)로 이루어진 구조인 콩팥소체와 세뇨관 등 더 작은 단위의 조직에 대해 이해하게 된다.

현미경으로 사구체의 모양을 관찰할 수 있다. 사구체는 털실 뭉치처럼 생겼는데, 사실은 털이 아니라 공 모양으로 얽혀 있는 모세혈관들이다. 혈액은 여기서 보먼주머니로 걸러져 세뇨관으로 보내진다. 걸러진 액체 중 쓸모 있는 것은 다시 흡수되어 혈관에 남고, 노폐물은 세뇨관에 남았다가 마지막에 오줌으로 배출된다. 건강검진 결과표에 보이는 '사구체 여과율'은 일정 시간 안에 사구체가 거를 수 있는 혈액량을 가리킨다. 사구체 여과율은 노화되면서 자연히 떨어진다. 하지만 건강하여 콩팥이 정상적으로 노화되면 여과율이 떨어지는 것은 별 문제가 되지 않는다. 건강한 상태에서 정상적으로 노화된 콩팥은 몸이 필요로 하는 만큼 충분히 대응할 수 있다.

하지만 콩팥 조직이 손상을 입거나 질병으로 너무 많이 괴사하게 되면 사구체의 여과율이 크게 떨어지는데 이런 현상을 콩팥기능부족(신부전腎不全)이라 한다. 사구체의 여과율이 일정 정도 이하로 떨어지면 콩팥이 여과 기능을 잃게 되는데, 이런 경우 반드시 혈액투석, 복막투석이나 콩팥이식과 같은 신대체 요법을 써야 한다. 혈액투석이란 혈액을 체외로 뽑아 혈액투석기(인공콩팥)에 통과시켜 노폐물을 걸러내고 정화된 혈액을 체내에 되돌려 보내는 것이다. 복막투석이란 투석액을 배안에 주입하여 많은 미세혈관이 분포된 복막을 통해 노폐물을 대사시킨 뒤 다시 빼내는 것이다.

혈액투석에는 상당히 오랜 시간이 걸린다. 보통 매주 세 차례 치료해야 하는데, 한 번 치료할 때마다 네 시간 정도 꼼짝없이 침대에 누워 있어야 한다. 복막투석은 한 번 할 때마다 30분 걸리는데 매일 네다섯 차례 투석액을 바꿔야 한다. 그나마 다행인 것은 이 시간에 환자는 자유롭게 자신의 일을 할 수 있다는 것이다. 하지만 어찌 되었든 간에 모두 상당히 번거로운 일임에 틀림없다. 그래서 신장병을 가진 사람들은 콩팥이식을 하려고 한다. 한 번의 고생으로 평생의 편안함을 얻을 수 있으니까 말이다.

인체에 콩팥이 하나만 남아 있어도 정상적인 생활을 하는 데 지장이 없다. 하지만 두 개의 콩팥을 모두 쓰지 못하는 지경에 이르면 반드시 신대체 요법을 써야 한다. 우리는 아직까지 콩팥을 이식했거나 콩팥이 하나밖에 없는 시신 스승을 해부한 적이 없다. 하지만 콩팥의 크기가 많이 차이 나는 시신 스승을 본 적은 있다. 콩팥 하나는 기능이 이미 손상되었지만 다른 하나는 정상적인 기능을 가지고 있었던 것이다. 생전에 검사를 해보지 않았다면 그 시신 스승은 임종 전까지 자신의 한쪽 콩팥에 문제가 있다는 사실을 몰랐을 것이다.

콩팥을 해부하면서 곁콩팥도 관찰한다. 곁콩팥은 콩팥 위에 있는 내분비선이다. 노란빛을 띠고 있어 어떤 학생들은 지방으로 오인하기도 한다. 하지만 자세히 관찰하면 지방처럼 생긴 이 '밀가루 반죽 같은 덩어리'는 상당히 단단한 구조로, 많은 혈액이 공급되어 있는 것을 볼 수 있다. 곁콩팥에 공급되는 중요한 혈관 세 쌍 가운데 한 쌍은 배대동맥에서 온다. 이 세 쌍의 혈관은 볼펜심만큼 가늘지만 충분히 식별해낼 수 있다.

관이 넓은 허리신경얼기

이 과정에서 또 하나 도전할 일이 있으니 바로 허리신경얼기(요신경총腰神經叢)를 찾는 것이다. 학생들은 이 신경이 시작되는 곳으로 거슬러 올라가야 하고, 이 신경얼기가 어디로 가는지 추적해야 한다.

허리뼈에는 다섯 개의 마디가 있다. 허리뼈의 첫 번째 마디부터 네 번째 마디까지의 양측을 뚫고 나와 한데 모이는 신경을 찾아야 하는데, 이것이 바로 허리신경얼기다. 허리뼈 아랫부분을 엉치척추뼈(천추薦椎)라고 하는데, 이 엉치척추뼈에서 뚫고 나온 신경이 엉치신경(천골신경薦骨神經)이다. 여기에 네 번째와 다섯 번째 허리신경(요신경腰神經)이 모여 엉치신경얼기(천골신경총)를 이루는데, 이 가운데서 가장 굵은 신경이 바로 모두가 잘 아는 '궁둥신경(좌골신경坐骨神經)'이다. 하지만 이 궁둥신경은 다리를 해부할 때야 볼 수 있다.

허리신경얼기의 일부 신경은 아래 배벽(하복벽下腹壁)에 분포되어 있는데 허리뼈 양측을 따라 앞 배벽(전복벽前腹壁)의 근육에까지 분포하며, 배벽의 근육 사이를 뚫고 들어가 마지막으로 피하에 이른다. 이 신경들은 자신들이 지나온 부위의 근육수축과 피부감각을 관장한다. 또 다른 일부 신경은 다리까지 뻗어나간다.

허리신경얼기가 형성하고 있는 신경은 감각신경만 있는 것이 아니라 운동신경도 있다. 예컨대 허리신경얼기의 분지 가운데 하나인 넙다리신경(대퇴신경大腿神經)은 넓적다리(대퇴) 앞쪽과 종아리(하퇴下腿) 안쪽 피부의 감각을 담당하는데, 넓적다리 앞쪽의 넙다리네갈래근(대퇴사두근大腿四頭筋)을 제어하여 근육을 수축시켜 무릎을 곧게 펴는 동작을 할 수 있게 한다. 폐쇄신경閉鎖神經은 넓적다리 안쪽을 지나는데 넓적다리 안쪽 피부의 감각을 제어하는 것 말고도 외폐쇄근外閉鎖筋과 넓적다리 안쪽의 모음근(내전근內轉筋)들을 제어한다. 쉬어 자세에서 차렷 자세로 바꾸는 동작을 할 때 폐쇄신경이 근육운동을 담당한다.

후복벽 해부 작업 가운데 힘든 것은 신경절을 찾는 일이다. 신경절은 신경세포가 모인 결절 상태의 구조로 지름이 0.5~1센티미터이며 모양은 타원형이다. 이 신경절을 식별하기 어려운 까닭은 이곳에는 신경절과 크기가 비슷한 림프샘이 가득 분포하고 있기 때문이다. 신경절과 림프샘은 생김새가 꼭 닮았는데 림프샘이 좀 더 부드럽다. 그래서 신경절을 찾으려면 시간을 들여 자세히 살펴봐야 한다.

림프가 독소를 배출한다고? 도대체 어디로?

배안 안에는 림프계가 잘 발달되어 있다. 특히 허리뼈 양측에는 하늘의 별처럼 촘촘히 분포되어 있다. 이 또한 배안 해부 시에 관찰해야 할 중요한 부분이다.

'미용 & 스파' 전단지를 받을 때가 있다. 전단지에는 "독소 배출로 피부 디톡스Detox. 예뻐지는 림프 마사지"와 같은 홍보 문구와 특수 마사지나 물리요법으로 림프의 독소 배출을 돕는다는 설명이 쓰여 있다. 해부학을 가르치는 사람으로서 도저히 이해되지 않는 말이다. 림프액은 조직액으로 마지막에는 정맥계로 들어간다. 그런데 어떻게 마사지로 림프가 독소를 배출하게 한다는 것인지…….

인체 내에서 림프계의 기능 하나는 과다해진 조직액을 회수하는 것이다. 예를 들어, 데거나 다쳤을 때 백혈구가 염증을 일으키는 인자들을 방출해 더 많은 백혈구가 상처 부위에 다가와 혈액, 손상 세포, 세균 등 주변의 상해 부산물을 제거하거나 손상된 조직을 원상 복구하게 한다. 하지만 이로 인해 국부에 쉽게 조직액이 적체되어 상처 입은 부위가 부어오르는 것이다.

과다해진 조직액 가운데 일부는 림프에 의해 순환 처리된다. 림프관은 아주 얇기 때문에 조직액이 쉽게 내강에 삼투해 들어갔다가 다시 정맥계로 되돌아간다. 만약 조직액이 너무 많이 적체되어 림프계가 이를 처리하지 못하면 문제가 생긴다. 복수腹水가 바로 그것으로, 체액이 쌓여 정상적인 양을 초과했는데 혈액과 림프 순환으로 처리하지 못해 생긴 것이다. 림프계는 조직액을 회수하는 것 말고도 면역 기능을 수행한다. 백혈구도 일부분은 림프샘에서 성숙된다. 림프샘 안에 T림프구와 항체를 생성하는 B림프구가 있는데, 신체가 외적을 막아내는 일을 돕는다.

배안에 있는 가슴림프관 아래쪽 끝의 팽대된 부분인 유미조乳糜槽는 림프가 모이는 곳이다. '유미'*라는 명칭을 들으면 유미조

---

* 소화관에 모이는 젖이나 죽 같은 림프로 암죽이라고도 한다.

를 소화계로 생각하기 쉽지만 전혀 그렇지 않다. 이 주머니 모양의 조직은 각 림프 본간本幹에서 오는 조직액을 모으는데 작은 창자에서 오는 림프가 트라이글리세라이드triglyceride와 킬로미크론chylomicron을 함유하고 있어 우윳빛을 띤다. 모아진 림프는 가슴림프관으로 주입되고 마지막에는 정맥계로 보내진다(보통 왼쪽 빗장밑정맥으로 주입된다).

포르말린 냄새로 눈물과 콧물 없이는 할 수 없었던 2주간의 눈물겨운 실험 수업에서 장기들을 해부하고 관련 혈관, 신경 그리고 림프관과 림프샘을 추적한 것으로 배안을 해부하는 과정은 일단락되었다. 이어 생명의 기지인 골반안으로 들어간다.

남자와 여자의 차이

여섯 번째 수업: 생식기관 해부

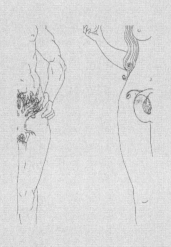

의대 3학년 교과과정은 너무 과중해서 학생들도 고생하고 교수들의 부담도 이만저만이 아니다. 나는 딸을 임신한 상황에서도 평소처럼 육안해부학을 가르쳤는데, 일주일에 여러 날 실험실에서 네 시간에서 여덟 시간씩 서 있어야 했다. 엄마의 배 속에서 익숙해졌는지 아니면 포대기 안에서 익숙해졌는지 딸은 장성한 뒤 보통 사람들이 극도로 꺼려하는 포르말린 냄새를 향기롭다고 한다. 아마도 내 몸에서 많이 맡아본 냄새라 친근감이 드는 모양이다.

딸이 태어난 날, 아이를 낳고 분만대에 누워 있는 내게 의사가 물었다.

"허何 선생님, 발생학 가르치시죠? 태반을 가지고 가서 학생들이 관찰할 수 있게 하면 어떨까요?"

생각지도 않은 제안에 나는 기뻐서 물었다.

"정말 그래도 돼요?"

"그럼요. 안 그러면 의료 폐기물로 처리해야 되거든요."

"잘됐군요. 내가 가지고 갈게요."

그동안 학생들을 가르치면서 태반을 이론으로만 설명했는데, 이제 학생들이 직접 눈으로 '실물'을 보면 공부하는 데 적지 않은 도움이 될 것이다. 의사가 말했다.

"남편보고 와서 가져가라고 하세요."

막 분만한 상황에서도 이런 이상적인 '교재'를 사용할 수 있다고 생각하니 활활 타오르는 교육 혼에 분만의 피로도 잊고 곁에 있는 남편(역시 학교 선생님이다)에게 실험실에 돌아가 포르말린으로 태반을 보존 처리해달라고 부탁했다.

실험실의 시신 스승들은 학생들에게 인체의 신비로움을 깨달을 수 있도록 가르쳐주지만 '태반'만은 그들도 어찌해볼 방법이 없다. 그래서 내가 '자가 제공'을 할 수 있다고 생각하니 정말 좋았다.

그날부터 내 태반은 실험실에서 여러 해 동안 큰 공헌을 했다. 나는 학생들에게 이런 농담을 했다.

"보세요, 우리 살아 있는 스승들은 교재까지 스스로 생산한답니다."

사실 학생들뿐만 아니라 내 자신에게도 관찰할 수 있는 좋은 기회였다. 그전까지는 나도 인류의 태반을 자세히 본 적이 없었으니까 말이다.

전통 중약中藥 가운데 '자하거紫河車'가 있는데, 바로 인류의 태반이다. 많은 혈액이 혈관 안에 잔류하고 있기 때문에 자색을 띤다. 태반은 원반 모양으로 지름은 약 15센티미터, 두께는 2, 3센티미터, 무게는 500~600그램 정도다. 태반을 처음 본 학생들은 "와! 이렇게나 커?" 하고 놀란다. 학생들은 대부분 태반이 간장 종지만 한 것으로 알고 있다. 하지만 사실은 명실상부한 '반盤(쟁반)'이다.

태반에 붙어 있는 탯줄은 굵기가 손가락 정도인데 그 안에 두 개의 배꼽동맥(제동맥臍動脈)과 한 개의 배꼽정맥 등 세 개의 혈관이 들어 있다. 이 혈관들은 모두 탄력성이 매우 뛰어난 한 겹의 결합조직 안에서 보호되고 있다. 얼마나 탄력성이 뛰어난지 포르말린 고정을 거쳤어도 만져보면 엄청 탱탱하다. 곤약을 만지는 것 같은 느낌이라고 표현하는 학생도 있다.

내 태반은 실험에 더 이상 사용할 수 없을 때까지 대략 6, 7년 동안 공헌했다. 학생들이 계속 태반을 관찰하려면 새 태반이 필요했다. 마침 대학 동기 하나가 곧 분만한다는 소식을 듣고 급히 연락했다.

"저……, 너 애 낳고 나서 나한테 태반 줄 수 있니?"

친자매보다 더 마음을 터놓고 지내는 단짝이라도 이런 이상한 대화는 하지 않을 것이다. 내가 의대에서 해부와 발생학을 가르친다는 사실을 알고 있는 동기는 흔쾌히 승낙했다. 얼마 후 아이를 낳은 동기는 자기 동료에게 부탁해 태반을 포르말린에 고정한 다음 내가 보내준 밀폐 용기에 넣어 택배로 보내주었다.

그 동기도 의사지만 자신의 '조직'을 처리하는 데 대해서는 심리적 부담을 많이 느낀 것 같다. 서둘러 태반을 처리한 다음 황급히 나에게 부쳤으며, 자세히 관찰하고 싶은 생각은 없었다고 동기는 말했다. 나처럼 그런 일을 즐기는 편이 아니었던 것이다. 내가 해부로 밥 먹고 살아갈 운명을 타고난 걸까? 나는 태반의 탯줄을 만졌을 때 느껴지는 탱탱한 탄력성이 정말 좋다. 나처럼 해부를 가르치는 교수들은 인체의 모든 신비를 학생들에게 보여주고 싶어 한다. 그래서 나는 '후임' 태반을 구하고 그렇게 좋아한 것이다.

'아들 낳을 상'이 정말 있는 걸까?

하지만 태반이란 '교재'만 '살아 있는 스승'이 생산한 것이고, 해부에 필요한 것들은 모두 시신 스승이 도맡는다.

배안 해부 다음 진도는 골반안이다. 골반안은 두 개의 볼기뼈(관골髖骨)와 엉치척추뼈로 둘러싸인 공간으로, 위로 배안과 통하고 아래는 회음會陰*이다. 골반안의 주위는 모두 뼈로 되어 있으며 모양은 대야처럼 생겼다. 그래서 중국어에서는 대야 '분盆' 자를 써 '골분강骨盆腔'이라고 한다.

여성은 임신과 분만이라는 중요한 임무를 맡고 있기 때문에 남성과 여성의 골반은 생김새가 크게 다르다.

골반 앞쪽 두 개의 뼈는 두덩뼈이며, 이 두 개의 뼈가 이어진 곳을 두덩결합(치골결합恥骨結合)이라고 한다. 이 두덩결합과 좌우 양쪽의 두덩뼈아래가지(치골하지恥骨下枝)는 V 자를 거꾸로 엎어놓은 형태의 치골각을 이루는데 남성의 치골각은 보통 90도보다 작은 예각을 이루고, 여성의 치골각은 90도보다 큰 둔각을 이룬다. 여성의 골반 입구는 상당히 큰 달걀 모양의 타원이고, 남성은 작은 하트 모양을 띤다. 전체적으로 보면 여성의 골반은 분

---

* 양쪽 넓적다리 사이의 부위로 남성은 음낭에서 항문 사이, 여성은 음렬에서 항문 사이.

만할 때 태아가 통과하기 좋도록 남성의 골반보다 넓다.

고대에는 부인을 고를 때 '아들 낳을 상'을 중시했는데, 엉덩이가 큰 여성이 아들을 잘 낳는다고 여겼다. 해부학의 관점에서 보자면 이런 견해는 근거가 전혀 없지는 않다. 엉덩이가 크다고 반드시 임신이 잘되거나 아들을 낳을 확률이 높은 것은 아니지만 골반이 넓으면 난산의 위험이 줄어드니 도움이 되는 것은 확실하다.

여성이 분만할 때 태아가 지나는 산도產道는 아이를 낳을 때 확장된다. 하지만 골반 아래쪽 공간의 제한을 받으므로 골반이 좁으면 태아가 통과하기 어렵다. 반대의 경우에는 난산 문제가 생기지 않는다. 더 정확하게 말하자면 엉덩이가 큰 것이 '아들 낳을 상'이라고 하는 것보다 '순산할 상'이라고 하는 것이 옳다.

밖으로 드러난 남성의 생식기관

남성의 골반 안에 있는 기관은 여성에 비해 아주 단순하다. 비뇨기 계통의 방광, 요관 그리고 생식계통의 정관, 전립샘(전립선前立腺), 정낭이 들어 있다.

방광은 두덩뼈 뒤에 있으며 소변을 저장했다가 일정한 양이 되면 요도尿道(오줌줄)를 통해 배출시키는데, 수축하는 근육조직과 소변 양에 따라 모양이 변하는 상피로 이루어졌다. 요관은 방광벽을 비스듬히 가로질러 소변이 콩팥으로 역류하는 것을 방지한다. 방광 아래는 전립샘이다. 전립샘은 지름이 약 3센티미터로 밤알만 하며 요도 주위를 둘러싸고 있다.

전립샘은 특별한 기관이다. 인체의 기관은 일반적으로 노화하며 점차 위축되는데 전립샘 세포는 노년 남성의 몸에서 도리어 증식한다. 전립샘이 비대해진 남성은 항상 빈뇨증頻尿症이 있고 오줌발에 힘이 없으며, 요의가 있어도 소변을 시원하게 보지 못하는 어려움이 있다. "젊은이가 뿜는 오줌은 산도 넘지만 늙은이가 찔찔거리는 오줌은 방울방울 발등에 떨어진다"는 타이완의 속담은 좀 저속하긴 하지만 이런 현상을 매우 생생하게 표현한 것이다. '뿜어 산을 넘어가는 오줌'에서 '발등에 떨어지는 오줌 방울'로 바뀌는 이런 괴로운 현상이 나타나는 까닭은 요도 주변을 둘러싼 전립샘이 비대해져 요도를 압박하기 때문이다.

우리는 학생들에게 손가락을 항문에서 곧창자까지 집어넣어 전립샘을 손가락으로 만져 촉진하는 연습을 하도록 가르친다. 경험이 많은 의사는 손가락을 이용한 촉진으로 전립샘이 비대해졌는지 여부를 판단할 수 있다. 하지만 시신 스승들은 모두 포르말린 고정을 거쳐서 조직이 딱딱해 학생들이 판독하기가 매우 어렵다.

정낭은 방광 뒷벽에 있는 주머니 모양의 기관이다. 정낭精囊, 즉 정자 주머니라는 글자로만 보면 정자를 저장하는 기관으로 생각하기 쉽지만, 실제 정자를 저장하는 곳은 정낭이 아니라 부고환副睾丸이다. 초기에 현미경으로 정낭을 관찰했을 때 안에 정자가 들어 있어서 정자를 저장하는 기관으로 오인해 그렇게 이름을 붙인 것이다. 정낭은 분비선으로 정자를 만드는 데 필요한 영양물질을 만들고 정액의 일부를 분비한다. 정낭은 정자를 저장하지 않으며, 이런 명칭이 붙은 것은 오인 때문이다.

여성의 생식기관이 골반 안에 깊이 숨어 있는 것과 다르게 음경과 음낭을 포함한 남성의 주요 생식기관은 밖으로 노출되어 있다. 해부할 때 우리는 음낭의 피부를 절개해 그 안에 있는 고환, 부고환 그리고 정삭精索 아랫부분을 관찰한다.

그런 다음 고환睾丸을 해부해 관찰한다. 고환은 정자와 남성호르몬을 만드는 기관으로 타원형의 공 모양으로 생겼다. 말로 표현하기 어려운 '투사投射 심리' 때문인지 수업 시간에 일부 남학생은 고환에 칼집을 내어 해부하는 일에 심적 부담을 가지며 마치 큰 통증을 느끼는 듯 이 부위를 해부할 때는 여학생에게 메스를 잡게 한다. 이 미묘한 심리는 여성이 이해할 수 없는 부분이다.

정자의 대장정

고환을 해부하면 안에 빈틈없이 촘촘히 들어 있는 곱슬정세관(곡정세관曲精細管)을 볼 수 있다. 정자는 여기에서 만들어진 뒤 고환날세관(고환수출관睾丸輸出管)을 타고 고환 뒷부분에 있는 부고환에 이른다. 이 기관이 바로 진짜로 정자를 저장하는 곳이다. 부고환은 길고 구불구불한 동아줄 모양의 기관으로 곧게 펴면 그 길이가 몇 미터나 된다. 부고환은 머리, 몸통, 꼬리의 세 부분으로 나눌 수 있다. 정자는 부고환에서 약 12일이 지난 뒤 점차로 성숙하여 난자를 향해 헤엄쳐 갈 수 있는 행동력을 갖추게 된다. 그러니까 부고환은 정자들의 합숙 훈련소인 셈이다. 정자는 이곳에서 노화해 자연사하든지 아니면 정관으로 보내진다.

정관은 정삭의 결합조직 안에서 겹겹의 피막으로 보호된다. 정삭은 대략 손가락 굵기로 바깥쪽으로부터 안쪽으로 각각 바깥정삭근막(외정삭근막外精索筋膜), 고환올림근막(고환거근막睾丸擧筋膜), 속정삭근막(내정삭근막內精索筋膜)이다. 정삭 안에는 혈관, 림프관, 신경이 들어 있다. 우리는 학생들에게 손가락으로 만지작거려보라고 가르친다. 손으로 만졌을 때 안에 유난히 질기다고 느껴지는 구조가 있는데 그것이 바로 정관精管이다. 조직학을 배울 때 현미경으로 정관의 횡단면 슬라이드를 보면 정관의 관벽은 근육질이 아주 잘 발달된 세 겹의 민무늬근으로 이루어진 것을 볼 수 있다. 그래서 만져봐야 혈관과 확연히 다르다는 것을 알 수 있다.

흔히 정관수술이라고 알려진 정관결찰술精管結紮術(정관묶기)은 쉽고 간단한 외래 수술이다. 경험이 있는 의사는 음낭의 피부를 절개하고 정삭을 찾은 다음 만져봐서 가장 단단한 부분을 가려내 정관을 찾는데, 잘라낸 다음 묶거나 전기로 지지면 된다. 절개창이 크지 않고 입원할 필요도 없다. 배 안에 기구를 넣어 자궁관을 수술해야 하는 여성 불임수술인 난관결찰술卵管結紮術(자궁관묶기)에 비하면 아주 간단한 수술이다.

한 남학생이 이런 질문을 한 적이 있다.

"묶은 뒤 성 기능에 문제가 생기지는 않나요?"

기가 막혀 말이 안 나왔다. 일반인이라면 몰라도 의대생이 그런 질문을 하다니 헛공부한 게 아닌가? 정관결찰은 단지 정자가 나오는 길을 봉쇄하는 것이다. 고환에서 만들어낸 남성호르몬은 내분비로서 혈관을 통해 운반되므로 묶었다고 해도 전혀 영향을 받지 않는다. 묶은 뒤에도 사정射精할 수 있고, 정낭과 전립샘에서 분비하는 분비액도 여전히 정액을 구성하는 성분 역할을 할 수 있다. 다만 정액 안에 정자가 없어 여성을 임신시키지 못할 뿐이다.

부고환에 저장된 정자는 노화한 뒤 부고환에서 직접 물질대사 된다. 그러므로 묶지 않았다고 해도 성교를 하지 않는다면 정자들은 노화해 자연사한다. 설령 '천시와 지리와 인화'*의 조건이 충족되어 나왔다고 해도 '일장공성만골고—將功成萬骨枯'**라는 말처럼 이 대군大軍 가운데 첫 번째로 난자에 진입한 정자만이 난자를 수정시키고 나머지는 전멸한다.

정자 입장에서 말하자면 난자와 만나야만 대를 잇는 중요한 임무를 다하는 것이니 그 길은 험난하고 고생스런 대장정이다. 정삭은 샅굴부위(서혜부鼠蹊部)에서 복벽을 통과하는데, 정자는 (정삭 안에 있는) 정관을 따라 계속 달려 방광 뒤쪽으로 가, 다시 전립샘으로 둘러싸인 요도로 갔다가 (그래서 전립샘이 비대해지면 성 기능에 문제가 생긴다) 마지막에는 음경을 거쳐 배출된다. 부고환에서 시작해 정자가 이 길을 거쳐 여성의 생식기에 들어가 자궁관에 도달하기 위해 달린 거리는 사람이 달린 것으로 치면 하프 마라톤 코스에 해당한다. 그래서 1위로 골인한 정자들은 최우수 선수이자 초특급 행운아인 것이다.

---

* 하늘이 준 때, 지리상의 이로움, 사람의 화합.《맹자孟子》〈공손추公孫丑〉하下에 나오는 말.
** 한 장수가 공을 세우기 위해서는 수많은 병사가 죽어야 한다는 뜻으로, 당唐 조송曹松의 시 〈기해세己亥歲〉에 나오는 말.

숨어 있는 여성의 생식기관

난소, 자궁관, 자궁, 질膣 등 여성의 생식기관은 골반안에 숨어 있다.

학생들은 이 부분을 해부하며 대부분 놀라움을 금치 못한다.

"어? 난소가 이렇게 작아?"

"자궁이 이렇게 작아? 어떻게 여기에 아기가 들어 있을 수 있지?"

학생들의 생각에는 이 기관들이 더 커야 할 것 같은데 실제로 해부해보니 훨씬 작았던 것이다. 이렇게까지 작으리라고는 생각하지 못했는데 말이다.

난소는 난자가 자라 성숙해지는 곳으로 골반 입구 아래쪽의 골반안 측벽에 위치한다. 골반안의 측벽에서 자궁까지 뻗어 있는 편상片狀의 복막을 자궁넓은인대(자궁광인대子宮廣靭帶)라고 한다. 난소는 바로 이 자궁넓은인대의 뒤쪽에 매달려 있는데 길이 약 3센티미터, 너비 약 2센티미터로 대략 큰 아몬드만 하다.

자궁은 골반안의 중앙에 위치하는데, 외형은 서양배를 거꾸로 놓은 모양으로 양쪽에 자궁관이 있다. 자궁의 몸통은 길이 약 7~10센티미터, 너비 약 5센티미터로 여성의 주먹보다 작다. 자궁은 근육층이 매우 발달한 속이 빈 기관으로 세 개의 층으로 나뉜다. 가장 안쪽은 상피조직과 결합조직으로 이루어진 자궁내막子宮內膜(자궁속막)이고 가운데층은 두꺼운 민무늬근으로 이루어진 자궁근육층(자궁근층子宮筋層)이며, 가장 바깥쪽은 자궁외막子宮外膜(자궁바깥막)이다. 자궁은 임신 기간에 아주 커진다. 민무늬근의 세포 수가 증가하고 부피가 커지면서 크게 펼쳐지는 것이다(태반의 지름이 15센티미터라는 사실을 생각해보라). 자궁은 아이를 낳고 나면 다시 움츠러들어 작아진다.

자주 보이는 부인병인 자궁근종은 자궁 안의 민무늬근이 증식한 것이다. 보통 주위와의 경계가 명확하고 근종 안의 조직 역시 근육조직이며 대부분 양성이어서 큰 문제가 되지 않는다. 꽤나 골치 아픈 것은 자궁내막증인데, 간단히 설명하자면 자궁내막에 있어야 할 조직이 이탈하여 다른 부위로 가는 것이다. 매월 월경 때가 되면 자리를 이탈한 내막조직도 변화한다. 만약 이탈한 내막조직과 피가 난소에 쌓이면 초콜릿 물혹이 만들어진다. 이탈한 내막조직은 난소에 부착하는 것 외에도 복막, 자궁관, 장벽腸壁, 큰창자, 작은창자, 허파로 가기도 하고 심지어 코안(비강鼻腔)까지 가는 특수한 사례도 있다. 이럴 경우 월경 때 코피가 나기도 하는 상당히 골치 아픈 질병이다.

자궁내막은 아주 독특하게 설계된 구조다. 일반적으로 인체가 피를 흘리면 많은 출혈을 막기 위해 혈소판이 피를 응고시킨다. 그런데 월경혈에는 이런 기제가 없다. 그렇다고 이 때문에 월경 때 과다 출혈이 일어나지도 않는다.

자궁내막에는 매우 특수한 방식으로 혈액이 공급된다. 자궁내막에 공급되는 나선동맥螺線動脈은 월경 전에는 다른 일반 혈관들과 마찬가지로 혈액이 순환된다. 하지만 배출된 난자가 수정되지 못하면 체내 여성호르몬이 줄어들어 나선동맥 혈관벽의 민무늬근을 자극해 수축시킨다. 그러면 혈관이 닫혀 혈관 아래쪽의 자궁내막에 혈액이 공급되지 않아 산소 부족으로 세포가 괴사한다. 월경혈에는 응혈 기제가 없지만 혈관이 이미 닫힌 상태이므로 심각할 정도의 출혈이 일어나지 않는 것이다.

하지만 자궁내막이 완전히 다 떨어져나가는 것은 아니다. 두께가 약 5, 6밀리미터에서 (월경 때 대부분 떨어져나가고) 1밀리미터까지 얇아지는데, 이 남아 있는 자궁내막에는 또 다른 혈관이 공급되어 산소 부족으로 괴사해 떨어져나가지 않고 있다가 난소가 새 난자를 소포小胞(여포濾胞)에서 성숙시키면 새로운 조직과 혈관을 재건한다.* 자궁내막은 이런 식으로 순환한다.

난소와 자궁 외에 자궁관(난관卵管)도 관찰해야 한다. 자궁관은

---

*   자궁내막은 치밀층, 스펀지층, 기저층의 세 층으로 이루어진다. 치밀층과 스펀지층을 기능층이라고 한다. 나선동맥이 닫혀 혈액을 공급받지 못하면 기능층이 괴사해 떨어져나가는데, 이를 월경이라 한다. 기저층은 다음 주기에 내막의 성장과 증식을 책임진다.

자궁 상단에서 골반 측벽을 향해 출발하여 자궁넓은인대의 위 가장자리를 지나는데 그 길이는 약 10센티미터다. 가장 바깥에 있는 부분은 나팔 모양의 자궁관깔때기(난관누두卵管漏斗)로 난소의 위를 덮고 있다. 자궁관깔때기에는 포수의 글러브처럼 생긴 손가락 모양의 돌기가 있는데 난자가 난소에서 배출되면 자동적으로 이 '글러브' 속으로 빨려 들어간다. 이어지는 자궁관의 크게 부푼 부분은 자궁관팽대부(난관팽대부卵管膨大部)로 자궁관에서 가장 넓은 부분이며, 정상적인 상황에서는 여기에서 수정이 이루어진다.

자궁관팽대부 다음은 자궁관에서 가장 좁은 부분인 자궁관잘록(난관협부卵管峽部)이고, 가장 마지막에 닿는 부분은 자궁 윗부분이다. 자궁관의 상피에는 섬모세포가 있는데 이 섬모는 자궁이 있는 방향으로 일렁여 난자를 자궁으로 보낸다. 난자가 수정되면 자궁 뒤쪽의 윗부분에 착상한다.

왜 자궁 뒤쪽의 윗부분이 착상에 좋은 위치일까? 이곳의 자궁내막은 월경주기가 되면 정기적으로 떨어져나가는데 나선동맥이 폐쇄되기 때문에 정상적인 상황에서는 분만한 뒤 많은 양의 출혈이 일어나지 않는다. 만약 수정란의 착상 위치가 너무 낮으면 태반이 자궁목관(자궁경관子宮頸管)에 근접하게 되는데 이를 임상에서는 전치태반前置胎盤이라고 한다. 자궁목관의 내막은 월경

주기에 떨어져나가지 않고 혈관도 폐쇄되지 않기 때문에 (만약 이곳에 착상하면) 분만 시 많은 출혈이 일어날 수 있다.

만약 자궁관에 착상하게 되면 문제가 커진다. 자궁의 민무늬근은 태아 발육에 따라 증식하고 커진다. 하지만 자궁관은 그렇지 못하다. 게다가 상피조직은 자궁내막 조직과는 달리 대량의 출혈이 일어나기 쉬운 곳이다. 이렇게 착상 위치가 잘못된 것이 바로 자궁외임신이다.

남성의 요도 길이는 여성의 네 배

골반안에는 생식기관만 있는 것이 아니라 비뇨기관도 있다. 가장 눈에 띄는 것이 방광이다. 방광은 골반안에서 가장 앞쪽에 있는 기관으로 남녀 간에 별 차이가 없다. 소변 저장량이 비슷하다는 말이다. 그런데 여성이 남성보다 볼일이 더 급한 것처럼 보이는 것은 무슨 까닭일까?

여성의 방광은 뒤쪽에 있는 자궁에 눌려 공간이 작다. 게다가 여성의 요도 조임근은 남성만큼 발달하지 않아서 쉽게 요의를 느끼게 된다.

방광의 용량은 남녀가 비슷하지만 요도의 길이는 큰 차이가 있다. 남성의 요도는 여성보다 4, 5배 긴 길이로, 약 16~20센티미터다. 남성의 요도는 방광의 기부基部(밑부분)에서 전립샘을 지나 음경을 통과하는데 중간에 두 번 (가파른 각도로) 구부러진다. 남성의 요도는 정액이 배출되는 통로이자 소변이 배출되는 통로의 이중 기능을 가지고 있다. 여성의 요도는 4센티미터밖에 되지 않으며 곡률도曲率度가 아주 작아 방광에서 아래로 골반 기저를 지나 직접 회음부에 이른다. 여성의 요도는 매우 짧아서 여성이 남성보다 요도염이나 방광염에 더 쉽게 감염된다.

제 태반을 꼭 선생님께 드릴게요

골반안을 지배하는 주요 신경의 중심은 엉치신경얼기다

인체의 척추脊椎는 일곱 마디의 목뼈, 열두 마디의 등뼈, 다섯 마디의 허리뼈, 다섯 마디의 뼈가 하나로 합쳐진 엉치척추뼈, 네 마디의 뼈가 하나로 합쳐진 꼬리뼈(미추尾椎)로 이루어졌다. 척추의 모든 마디, 즉 척추의 양측에는 척수脊髓에서 나온 척수신경이 빠져나와 있다. 그중 엉치척추뼈에서 나온 네 쌍의 엉치신경과 4번, 5번 허리신경 분지가 융합하여 이루어진 신경얼기를 엉치신경얼기라 한다. 엉치신경얼기의 분지는 골반안과 회음부의 감각과 운동을 지배하는 신경을 포함하고 있는 것 외에도 궁둥신경, 온종아리신경(총비골신경總腓骨神經) 등 다리를 지배하는 많은 분지를 포함하고 있다. 이 부분의 내용에 대해서는 다음 장에서 상세히 설명한다.

골반안의 혈관 공급은 다음과 같다. 배대동맥이 골반안의 위쪽에 이르면 거꾸로 된 Y자 모양으로 갈라지는데, 이것이 온엉덩동맥(총장골동맥總腸骨動脈)이다. 온엉덩동맥은 다시 속엉덩동맥(내장골동맥內腸骨動脈)과 바깥엉덩동맥(외장골동맥外腸骨動脈)의 두 개 분지로 나뉜다. 속엉덩동맥의 각 분지는 골반안에 있는 대부분의 장기에 공급되며, 바깥엉덩동맥은 다리로 들어가 넙다리동맥(대퇴동맥大腿動脈)이 된다. 남성의 경우 속엉덩동맥은 전립샘과 방광으로 분지한다. 인체에 있는 절대다수의 온엉덩동맥의 분지에는 모두 짝을 이루는 같은 이름의 정맥이 있다. 예컨대, 골반안에서 관찰할 수 있는 것으로는 속엉덩정맥과 바깥엉덩정맥이 있다.

여기서 꼭 설명하고 넘어가야 할 것은, 속엉덩동맥의 분지 가운데 성인이 되면 폐쇄 상태가 되는 두 개의 배꼽동맥이 들어 있다는 것이다. 태아가 어머니의 배 속에 있을 때 이 두 개의 배꼽동맥과 태아의 간으로 들어가는 배꼽정맥이 끈처럼 생긴 구조를 이루는데 이 끈의 바깥층은 젤라틴 모양의 물질이 보호하고 있다. 이 구조가 바로 태반에 연결되어 영양과 산소를 공급받는 탯줄(제대臍帶)이다.

탯줄과 연결된 태반에 대해 한마디 하고 넘어가자. 내가 그 당시 이 '교구'를 직접 생산해 학생들에게 관찰하게 했다는 사실을 많은 학생들이 알고 있다. 그리고 내 태반이 임무를 성공적으로 마치고 퇴역한 뒤에 아이를 막 낳은 대학 동기의 태반을 구해온 사실도 학생들은 알고 있다. 내가 이렇게 태반을 간절하게 찾는 것을 본 한 여학생이 이런 약속을 했다.

"선생님, 걱정 마세요. 나중에 제가 아이를 낳으면 태반을 선생님께 드릴게요."

학생들은 이처럼 지원할 것을 약속하며 나를 감동시킨다. 정말로 이처럼 대대로 이어간다면 태반은 해부 실험실의 '끊이지 않고 계속 전수되는 학술'의 상징이 될 수 있을 것이다.

남성과 여성이 서로 다른 골반안 해부는 그야말로 재미있는 분야다. 골반안은 새로운 생명을 창조하는 기지로 그 구조가 정교하고 기묘하여 경탄을 금할 수 없게 한다. 골반안뿐만 아니라 인체의 신비는 정말 매혹적이다. 오랫동안 학생들을 가르쳐왔지만 해마다 신선한 깨달음과 감동이 있다. 학생들도 똑같은 감동을 받으면 좋겠다. 그러면 하늘에 계시는 시신 스승들의 영혼도 뿌듯하실 것이다.

손빈의 무릎과
아킬레우스의 뒤꿈치

일곱 번째 수업: 다리·발 해부

해부를 가르치다 보니 생활에서 자주 사용하지 않는 한자, 심지어 어떻게 읽는지도 몰랐던 한자를 많이 알게 된다. 물론 수업 시간에는 대부분 영어로 된 전문 용어를 써 설명하지만 때때로 비非 의학계열 사람들에게 설명할 때는 중국어 용어를 써야 하는데, 글자를 잘못 읽어 웃음거리가 되지 않도록 미리 자전을 펴 정확한 독음을 찾는다.

　다리 부위를 표시하는 글자 중에는 생활에서 드물게 쓰는 글자들이 적지 않다. 이런 글자는 대부분 부수 옆에 있는 글자의 발음을 읽으면 된다.

　예를 들어 슬와膝窩(다리오금)라는 뜻을 가진 글자 '膕'은 '國

[guó, 궈]'로 읽고, 골반이라는 뜻을 가진 글자 '髋'은 '宽[kuān, 콴]'으로 읽는다.*

부수 옆에 있는 글자의 발음을 읽는다는 이런 원칙이 다 들어 맞는 것은 아니다. 어떤 경우에는 자기 몸체에 있는 글자가 아닌 성조와 발음이 같은 다른 글자가 그 독음이 되기도 한다.

예컨대 쌍둥이라는 뜻을 가진 글자 '孖'는 '資[zī, 쯔]'로 읽는다.** 중국어로 '上孖肌'라고 하는 위쌍둥이근(상쌍자근上雙子筋)과 '下孖肌'라고 하는 아래쌍둥이근(하쌍자근下雙子筋)은 엉덩이에 있는데 모양과 기능이 같은 두 개의 근육이다. 또 무릎뼈(슬개골膝蓋骨)란 뜻을 가지고 있는 글자 '髌'은 '鬓[bìn, 빈]'으로 읽는다.*** 정강이라는 뜻을 가지고 있는 글자 '胫'은 '竟[jìng, 징]'으로 읽는다.**** 장딴지라는 뜻을 가진 글자 '腓'는 '肥[féi, 페이]'로 읽는

---

* 膕의 우리말 발음은 '괵'이고 國의 우리말 발음은 '국'이지만 중국어 독음은 같다. '髋'과 '宽' 두 글자 모두 우리말 독음은 '관'이다.

** 孖의 발음은 제1성 [zī]인데 부수 옆의 글자인 子의 발음은 제3성 [zǐ]로 성조가 다르다. 그 래서 자기 몸체에 있는 子[zǐ]를 독음으로 하지 않고 성조를 포함한 발음이 완전히 같은 資 [zī]를 그 독음으로 한 것이다. 孖는 [zī]와 [mā]의 두 가지 발음을 가지고 있으며 우리말 독음은 '자'다.

*** 髌의 발음은 제4성 [bìn]인데 부수 옆의 글자인 宾의 발음은 제1성 [bīn]으로 성조가 다르다. 그래서 자기 몸체에 있는 宾[bīn]을 그 독음으로 하지 않고 성조를 포함한 발음이 완전히 같은 鬓[bìn]을 그 독음으로 한 것이다. 우리말 독음은 '빈'이다.

**** 胫의 발음은 제4성 [jìng]인데 부수 옆의 글자인 㓎의 발음은 제1성 [jīng]으로 성조가 다르다. 그래서 자기 몸체에 있는 㓎[jīng]을 독음으로 하지 않고 성조를 포함한 발음이 완전히 같은 竟[jìng]을 그 독음으로 한 것이다. 우리말 독음은 '경'이다.

다.* 발등이란 뜻의 글자 '跗'는 '夫'로 읽는다.** 그래도 이런 글자들은 간혹 성조가 틀리는 경우는 있지만 대체로 맞게 읽을 수 있다.

하지만 어떤 글자는 자전을 찾지 않으면 옳게 읽을 수 없다. 예컨대 복부 양쪽의 엉덩뼈(장골腸骨)라는 뜻의 글자 '髂'의 독음은 부수 옆 글자인 '客[kè, 커]'와는 거리가 먼 [qià, 챠]다. 발바닥을 뜻하는 글자 '蹠'도 부수 옆 글자인 '庶[shù, 수]'로 읽지 않고 [zhí, 즈]'로 읽는다.***

일반인들은 보통 이런 글자들을 거의 사용하지 않는다. 모두들 "무릎이 좀 이상한데"라고 말하거나 "어제 마라톤 하프코스를 달렸더니 장딴지가 아파 죽겠어"라고 말하지 "내 빈골髕骨(무릎뼈)에 문제가 좀 생긴 것 같아"라고 말하거나 "내 비복근腓腹筋(장딴지근)이 시큰시큰 쑤시고 아파"라고 말하지 않을 것이다. 하지만 우리는 의학의 전당에 있으므로 반드시 세밀하고 정확해야 한다. 각 부위의 명칭을 하나하나 정확하게 알아야 한다.

팔 VS 다리

다리와 팔은 골격의 구성과 영역을 분류하는 면에서 대동소이하다. 예컨대 위팔의 위팔뼈와 대응관계를 이루는 것은 넓적다리의 넙다리뼈고, 아래팔의 자뼈(척골尺骨)와 대응관계를 이루는 것은 종아리의 정강뼈(경골脛骨)이며, 손바닥의 손허리뼈(중수골中手骨)와 대응관계를 이루는 것은 발바닥의 발허리뼈(중족골中足骨)고, 손목의 손목뼈(수근골手根骨)와 대응관계를 이루는 것은 발목의 발목뼈(족근골足根骨)이며……, 그렇다면 다리의 명칭들을 배우기만 하면 되지 굳이 특별히 설명할 필요는 없지 않겠냐고 말하는 사람도 있다.

사실은 그렇지 않다. 팔과 다리에는 서로 대응관계를 이루는 곳이 많기는 하지만 약간의 차이가 있다. 관절을 예로 들어 설명해보자. 팔과 몸통을 연결하는 관절은 어깨관절(견관절肩關節)이고 다리와 골반을 연결하는 관절은 엉덩관절(고관절股關節)인데, 이 두 관절은 큰 차이가 있다. 어깨관절을 구성하는 뼈를 관찰해보면 어깨뼈(견갑골肩胛骨), 빗장뼈, 위팔뼈 등 세 개의 뼈로 이루어졌으며 가운데 많은 공간이 있고 주위에 많은 인대가 있어 구조가 탄탄한 것을 알 수 있다. 가운데 많은 공간이 있기 때문에 팔은 다리보다 훨씬 유연하다. 팔은 앞이나 뒤로 휘둘러

큰 원을 그릴 수 있지만 다리는 이런 동작을 할 수가 없다. 다리로 원을 그리는 것은 아마도 공포영화에나 나올 수 있는 일일 것이다.

엉덩관절의 생김새는 (어깨관절과는) 많이 다르다. 엉덩관절은 넙다리뼈머리(대퇴골두大腿骨頭)와 절구(臼)로 이루어졌다. 넙다리뼈머리는 공처럼 생긴 구조고, 절구는 그 이름에서도 알 수 있듯이 절구臼처럼 속이 우묵한 오금팽이다. 어깨뼈와 위팔뼈(상박골上膊骨) 사이의 오금팽이가 얕은 것과 달리 절구의 오금팽이는 꽤 깊어 넙다리뼈머리가 그 속에 깊숙이 파묻힐 수 있게 되어 있다. 이렇게 설계되었기 때문에 엉덩관절은 유연성을 잃었지만 견고하고 안정적이며 몸통의 중량을 견딜 수 있게 되었다. 어깨관절은 유연하긴 하지만 어깨를 잘못 사용하거나 지나치게 사용하면 탈구하기 쉽다. 일반적인 상황에서 엉덩관절이 탈구할 확률은 어깨관절에 비해 현저히 낮다.

엉덩관절 부위에서 많이 생기는 문제는 골절이다. 아마 엉덩관절(고관절) 골절이란 말을 들어보았을 것이다. 노인들은 골질骨質이 연약하다는 문제를 안고 있다. 특히 폐경이 된 여성들은 골질의 유실을 억제하는 여성호르몬이 감소하기 때문에 골다공증에 걸리기 쉽다. 부주의로 넘어지기라도 하면 대전자大轉子라고 하는 넙다리뼈 상부의 큰돌기[넓적다리와 골반이 연결되는 곳에 만져지는 넙다리뼈 돌기로, 넙다리뼈목(대퇴골경부大腿骨頸部) 바로 아래 부위가 땅에 부딪치기 때문에 그 충격으로 넙다리뼈목이 부러져 엉덩관절이 골절되는 것이다.

약간의 차이는 있지만 큰 틀에서 보면 팔과 다리는 상당히 긴밀한 대응관계를 갖고 있다. 아마 여기까지 읽다 보면 학생들이 〈두 번째 수업〉에서 이미 손을 해부해봐서 다리 해부를 배우는 과정에 들어서면 눈앞에 희망이 보이고 갈수록 재미있어 한숨 돌리게 될 것이라고 생각할지 모르겠다. 하지만 그렇지 않다. 이 세상에 쉬운 일은 없다.

다리 해부 단계에 이르면 학기도 반쯤 지나가고, 학생들의 해부 솜씨도 제법 능숙해진다. 게다가 다리의 근육은 크고 신경과 혈관도 제법 굵어서 다른 부위처럼 쉽게 끊어지지 않기 때문에 해부하기가 좀 더 수월하다. 하지만 그렇기 때문에 교수들이 학생들에게 요구하는 수준도 더 높아진다. 근육이 큰 만큼 시작하는 곳과 끝나는 곳을 명확하게 찾아내야 한다. 이전에 해부한 부위들은 크기가 작고 구조도 미세하여 기술적인 난도가 매우 높았다. 그래서 몇몇 세부적인 부분에 대해서는 명확하게 설명만 하고 일일이 해부하게 하지 않았지만 다리는 반드시 세부적인 부분까지 모두 해부하도록 가르친다.

엉덩이에 함부로 주사 놓으면 안 돼

다리 해부는 엉덩이 해부에서 시작한다. 엉덩이는 신경과 혈관이 상당히 복잡하기 때문에 다리 해부보다 어렵다. 다리의 근육은 주로 세로 방향으로 결이 나 있지만 엉덩이는 대부분 가로 방향이나 비스듬한 방향으로 결이 나 있는 근육으로 이루어져 있다. 이 근육들은 중심축인 엉치척추뼈와 다리의 볼기뼈 및 넙다리뼈(대퇴골大腿骨)를 연결해줄 뿐만 아니라 엉덩관절의 움직임을 관장한다. 예컨대 중간볼기근(중둔근中鈍筋), 작은볼기근(소둔근小鈍筋)과 같은 비스듬한 방향으로 지나는 근육은 넙다리뼈의 바깥쪽에 붙어 있어 근육을 수축해 차렷 자세에서 쉬어 자세로 바꾸는 동작을 할 수 있게 한다. 이런 동작을 넙다리의 외전外轉(바깥쪽으로 내뻗는 동작)이라고 한다.

다리를 지배하는 신경에는 허리신경얼기와 엉치신경얼기 등 두 개의 중요한 신경얼기가 있다. 허리신경얼기는 1번에서 4번 허리신경이 모여 이루어졌고, 엉치신경얼기는 4번, 5번 허리신경 그리고 1번에서 4번까지의 엉치신경으로 이루어진 신경얼기다. 엉치신경얼기 중 가장 굵은 것은 궁둥신경이다.

궁둥신경은 엄지손가락만큼 굵다. 인체의 다른 신경에 비하면 엄청나게 굵다고 할 수 있다. 궁둥신경을 자세히 추적해보면

4번, 5번 허리신경과 1번, 2번, 3번 엉치신경으로 이루어진 것을 알 수 있다. 궁둥신경은 엉덩이의 궁둥구멍근(이상근梨狀筋) 아래쪽에서 뚫고 나온 다음 모양과 기능이 똑같은 위쌍둥이근과 아래쌍둥이근 그리고 중간에 끼어 있는 내폐쇄근內閉鎖筋 등 세 개의 근육을 지난 뒤 넓적다리의 정중선正中線*으로 들어간다. 궁둥신경은 넓적다리 뒤쪽의 근육 그리고 종아리, 발바닥, 발등의 모든 근육을 지배한다.

엉덩이에 살이 많기 때문에 대부분의 근육주사는 엉덩이에 놓는다. 하지만 살이 많다고 아무렇게나 주사를 놓으면 안 된다. 주사 놓는 위치를 잘못 찾아 너무 안쪽이나 너무 아래쪽에 놓으면 궁둥신경을 찌를 수 있다. 가장 안전한 곳은 엉덩이 바깥쪽의 윗부분이다.

궁둥신경에 대해 수업하는 시간이 되면 학생들의 흥미는 배가된다. 대부분 의대에 들어오기 전부터 친구나 이웃들에게 '누구누구가 궁둥신경통(좌골신경통)에 걸렸다더라'는 말을 많이 들어온 터라 이 신경의 존함을 일찍이 듣고 경모해 마지않았는데 드디어 친히 보게 되었기 때문이다.

궁둥신경통 환자는 대부분 허리나 엉덩이에 불편함을 느끼는

---

* 포유류의 신체 좌우를 구분해주는 가상의 중심선.

데, 어떤 경우는 종아리 바깥쪽이나 발등도 시큰시큰하고 저리며 당기고 아프다. 해부학을 공부하면 왜 궁둥신경통이 (엉덩이에서) 그토록 먼 곳까지 연루되는지 알 수 있다. 궁둥신경은 엉덩이에서 나와 다리오금(슬와膝窩, 무릎의 뒷면) 위쪽에 이르러 두 개의 중요한 신경으로 분지된다. 하나는 바깥쪽으로 뻗어나가는 온종아리신경으로 정강이, 종아리의 바깥 부분, 발등을 지배한다. 또 하나는 종아리 가운데로 곧게 뻗은 정강신경(경골신경脛骨神經)으로 종아리 뒷부분과 발바닥 전체를 지배한다. 궁둥신경에는 운동신경만 들어 있는 것이 아니라 감각신경도 들어 있다. 그래서 어떤 경우에는 근육운동에만 영향을 미치는 것이 아니라 피부감각에도 영향을 미친다. 영향을 미치는 범위는 넓적다리 뒷부분, 종아리 전체와 발등, 발바닥 등이다. 예컨대 궁둥신경통이 심할 경우에 발바닥이나 종아리가 찌르는 것처럼 아프거나 시큰시큰 저리는 증상이 나타나며, 다리에 힘이 빠지는 증상이 나타날 수 있다.

궁둥신경통의 원인은 여러 가지다. 외부의 힘이나 감염 때문일 수도 있고, 궁둥구멍근이 너무 경직되어 바로 옆에 붙어 있는 궁둥신경을 압박하기 때문일 수도 있다. 만약 경미한 궁둥구멍근 압박일 경우 약물치료나 재활치료로 궁둥구멍근을 이완시키면 증상을 완화할 수 있다. 하지만 심한 궁둥신경통일 경우에는 수술을 해야 한다.

예컨대 궁둥신경이 골반을 뚫고 나오는 부위가 선천적으로 변이되기도 한다. 궁둥신경은 궁둥구멍근 아래에서 나오는 것이 정상인데, 드물지만 궁둥신경이 궁둥구멍근을 직접 뚫고 나오기도 한다. 근육 가운데를 뚫고 나오기 때문에 넓적다리 방향으로 뻗어나가게 되는데, 이런 경우는 약물이나 운동으로 통증을 완화하기 어려워 반드시 수술해야 치료할 수 있다. 흔히 '디스크disk'라고 알려진 척추원반탈출증脊椎圓盤脫出症으로 신경이 눌리는 경우도 수술로 치료해야 한다.

궁둥신경이 지배하는 범위는 매우 넓지만 넓적다리 앞과 안쪽은 포함되지 않는다. 넓적다리는 보통 앞쪽, 안쪽, 뒤쪽의 세 영역으로 나뉜다. 앞쪽 부분은 근육을 수축하여 무릎을 똑바로 펼 수 있게 해주는데, 이곳을 지배하는 신경은 넙다리신경이다. 넓적다리 안쪽의 모음근은 넓적다리를 신체의 중심축을 향해 안으로 모으는 역할을 하는데, 바로 쉬어 자세에서 차렷 자세로 바꾸는 동작이 그것이다. 이곳을 지배하는 신경은 폐쇄신경이다. 이 신경은 볼기뼈 앞에 있는 두 개의 큰 구멍을 지나는데, 큰 구멍을 폐쇄막이라고 하는 결합조직이 막고 있다. 이 때문에 이곳을 지나가는 신경을 폐쇄신경이라고 이름 붙인 것이다. 그러니까 이 두 영역, 즉 넓적다리 앞쪽과 안쪽은 궁둥신경의 관할 구역이 아닌 것이다.

중요한 하지정맥판막

다리의 혈액 공급에 대해 알아보자. 앞의 배안 부분에서 배대동맥에 대해 공부했다. 이 동맥은 좌우 온엉덩동맥으로 나뉜 다음 골반 근처에서 바깥엉덩동맥과 속엉덩동맥으로 갈라진다. 이 중에서 바깥엉덩동맥은 샅굴부위를 지나 샅고랑인대(서혜인대鼠蹊韌帶. 모두에게 익숙한 '아폴로 벨트Apollo's belt'다)를 통과한 뒤 넙다리동맥으로 이름이 바뀐다(그러니까 동일한 혈관인데 이름이 달라진 것이다). 다리의 혈액은 주로 이 혈관에서 공급된다.[*]

이 혈관은 무릎 위쪽의 넓적다리 안쪽에서 무릎의 뒷면을 감아 도는데, 여기에 이르러 또다시 오금동맥(슬와동맥膝窩動脈)으로 이름이 바뀐다. 오금동맥은 종아리 윗부분에서 앞정강동맥(전경골동맥前脛骨動脈)과 뒤정강동맥(후경골동맥後脛骨動脈)을 분지하는데,

---

[*] '아폴로 벨트'를 일부 한국인들은 '치골 라인'으로 잘못 알고 있다. '섹시한 치골 라인'이니 '탄탄한 식스팩 복근과 두덩뼈를 드러내 섹시한 매력' 등의 기사를 종종 볼 수 있는데 이는 잘못된 표현이다. 여기서 말하는 두덩뼈는 엉덩뼈라 불리는 장골이다. 두덩뼈 라인은 굳이 표현하자면 '엉덩뼈 라인'이라 할 수 있다. 두덩뼈는 골반 앞쪽에 있는 뼈로 샅 부분에 있다.

앞정강동맥은 종아리 앞쪽인 정강마루(정강뼈 앞 가죽에 마루가 진곳)로 주행하고, 뒤정강동맥은 종아리 뒤쪽으로 주행하여 (종아리의) 바깥쪽으로 종아리동맥(비골동맥腓骨動脈)을 분지한다. 뒤정강동맥은 마지막으로는 발바닥으로 돌아들어가 발바닥의 모든 근육에 공급된다. 넙다리동맥에서 온 이 혈관들이 바로 다리에 혈액을 공급하는 주요 혈관들이다.

인체 대부분의 정맥은 동맥과 이름이 같고 함께 주행한다. 다만 혈액의 흐르는 방향만 서로 반대일 뿐이다. 그래서 수업 시간에 특별히 정맥에 대해 설명하지는 않는다. 일부 혈관 해부도에서는 단순화하기 위해 동맥만 그리기도 한다. 하지만 다리의 일부 정맥에는 몇 마디 언급할 만한 꽤 재미있는 기능이 있다.

인체의 다른 부위와 마찬가지로 다리를 지나는 큰 정맥들에도 모두 '판막'이 있다. 판막은 한쪽 방향으로만 열린다. 다리에서 심장으로 가는 방향으로만 열려 정맥혈이 심장으로 되돌아가게 한다. 중력 때문에 혈액이 아래로 내려가면 판막에 막힌다. 그 외에도 다리의 근육이 수축하여 정맥혈을 밀어내 혈액이 심장으로 되돌아가도록 돕는다.

모두들 '하지정맥류下肢靜脈瘤'라는 질환을 알 것이다. 환자의 다리 부분에 푸른빛이 도는 자색의 혈관이 뚜렷이 드러나는데, 심하면 지렁이처럼 돌출하여 다리에 핏줄이 튀어나온 것처럼 보인다. 이런 질병은 오래 서 있거나 앉아 있는 사람에게 잘 발생한다. 혈액은 중력 때문에 계속 아래쪽으로 가라앉는데, 심장에서 멀리 떨어진 정맥이 (가라앉는 혈액의) 압력을 장시간 받으면 결국 지탱하지 못하고 판막의 기능이 망가져 혈액이 (심장 쪽으로) 되돌아가기 어렵게 된다. 그러면 피부 바로 밑에 있는 표재정맥表在靜脈이 확장되고 꼬이는데 이것이 바로 정맥류다. 정맥류가 있으면 보기 흉하며, 심하면 통증을 일으키고 궤양이나 피부조직이 벌집처럼 변하는 봉와직염蜂窩織炎을 유발하기도 한다.

여기에서 먼저 심부정맥深部靜脈과 표재정맥의 다른 점을 짚고 넘어가자. 근육 사이를 주행하는 것이 심부정맥이고, 피부 바로 밑으로 주행하는 것이 표재정맥이다. 정맥류는 대부분 표재정맥에서 발생한다. 심부정맥은 주위에 근육이 있기 때문에 근육이 수축하면 마치 펌프처럼 혈액을 위쪽으로 밀어 올린다. 그래서 혈액이 쉽게 (심장 쪽으로) 되돌아갈 수 있으며 아래로 가라앉아 판막에 압력을 가하지 않는다.

표재정맥은 심부정맥처럼 주위의 근육이 혈액을 밀어 올리지는 않지만 몸을 많이 움직이면 표재정맥의 판막에 가해지는 압력을 줄이는 데 큰 도움이 된다. 나는 매 학년도의 첫 학기에 실험 과목이 많아 일주일에 4일은 실험실에 들어가 적게는 반나절에서 많게는 종일 서 있어야 하는데, 실험실 안에서 이곳저곳을 돌아다니며 되도록 많이 움직이려고 한다. 학생들을 지도할 겸, 억지로라도 근육이 혈액을 밀어내게 해 정맥류를 예방하기 위해서다.

심각한 정맥류가 아니면 의사는 환자에게 데니어denier* 수가 높은 고탄력 스타킹을 신도록 권한다. 스타킹의 탄성에서 생기는 압력으로 근육이 혈액을 밀어내는 것과 같은 효과를 얻자는 것이다. 증상이 가벼우면 고탄력 스타킹을 신는 것이 도움이 되지만 심각할 경우에는 꼬인 정맥을 수술로 제거해야 한다.

다리의 표재정맥에는 큰두렁정맥(대복재정맥大伏在靜脈)과 작은두렁정맥(소복재정맥小伏在靜脈) 등 두 개의 정맥이 모여 있다. 큰두렁정맥은 발등, 발가락에서 혈액을 회수하여 심장 방향으로 주행하는데, 종아리 안쪽을 지나 무릎과 넓적다리 안쪽을 거쳐 샅고랑인대의 아래쪽에서 심층에 있는 넙다리정맥(대퇴정맥大腿靜脈)에 연결된다. 넙다리정맥으로 들어간 혈액은 다시 바깥엉덩정맥(외장골정맥外腸骨靜脈)과 아래대정맥으로 들어가 심장으로 돌아간다. 작은두렁정맥은 종아리 뒤쪽을 주행하여 무릎 뒤쪽에서 오금정맥(슬와정맥膝窩靜脈)에 연결된다. 오금정맥으로 들어간 혈액은 다시 넙다리정맥으로 들어갔다가 바깥엉덩정맥으로 들

---

* 섬유의 두께를 표시하는 단위로 9000미터 길이에 해당하는 섬유의 무게를 그램으로 표시한 것이다.

어가 심장으로 돌아간다.

심부정맥과 표재정맥은 여러 곳에서 서로 연결되어 있어 표재정맥혈이 이 통로를 통해 심부정맥으로 들어간다.* 그러므로 심각한 정맥류가 생겨서 그 부분의 혈관을 제거해도 혈액순환에는 영향을 미치지 않는다. 정맥혈관은 피하지방에 복잡한 연결망을 가지고 있어 이런 통로를 통해 정맥혈이 심부정맥으로 돌아간다.

임상에서 심장혈관 폐색이 심각해 스텐트stent(덧대)를 삽입해 확장할 수 없는 경우 외과의사는 심장동맥 우회 수술을 하게 된다. 이때 다른 혈관을 찾아 분리해내어 심장동맥 우회 도관으로 사용하여 막힌 부분을 연결해줘야 하는데 큰두렁정맥이 흔히 선택되는 혈관 가운데 하나다. 큰두렁정맥이 선택되는 이유는 첫째, 피하를 주행하여 쉽게 분리해낼 수 있고 길이가 길기 때문이다. 둘째, 큰두렁정맥은 다른 정맥보다 혈관 벽이 두껍기 때문이다. 큰두렁정맥은 표재정맥으로 심부정맥처럼 근육에 의존하여 혈액을 밀어내지 못하기 때문에 자체적으로 길고 두꺼울 수밖에 없다. 그래서 이것으로 이으면 심장이 짜내는 혈액의 압력을 견뎌낼 수 있다. 다만 각별히 주의해야 할 점이 있다.

---

* 이 통로가 관통정맥貫通靜脈이다.

혈관을 분리할 때 판막이 있는 부분도 분리해낼 수 있으므로 접합할 때 방향을 반대로 해서 정맥의 근위부近位部와 동맥의 원위부遠位部를 이어야 혈류가 판막에 가로막히지 않는다.

손빈의 무릎관절

인체의 넓적다리와 종아리의 골격은 넙다리뼈, 정강뼈(아랫다리 안쪽에 있는 체중을 견디는 긴뼈), 종아리뼈(비골腓骨. 아랫다리 바깥쪽에 있는 가냘프게 생긴 긴뼈) 그리고 무릎뼈로 이루어졌다.

무릎관절(슬관절膝關節)은 무릎뼈와 넙다리뼈 그리고 정강뼈로 이루어졌는데, 관절 주위와 내부는 무릎인대(슬개인대膝蓋靭帶), 안쪽과 바깥쪽의 곁인대(측부인대側副靭帶), 앞십자인대(전십자인대前十字靭帶), 뒤십자인대(후십자인대後十字靭帶) 등 많은 인대가 있어 구조가 안정되어 있다. 무릎관절의 넙다리뼈과 정강뼈 사이는 반월상연골판半月狀軟骨板이라고 하는 두 개의 C 자형 연골이 끼어 있어 충격 흡수기 역할을 한다. 무릎관절이 받는 압력을 흡수하기 때문에 안정되게 설 수 있고 무릎관절에 무리가 생기지 않는다. 하지만 운동을 너무 격렬하게 하면 정강뼈의 이동 폭이 커져서 앞십자인대가 끊어지거나 반월상연골판이 파열될 수 있다.

무릎관절이 다른 부위의 관절보다 특별한 점은 정면에 무릎뼈가 관절을 보호하고 있다는 것이다. 무릎뼈는 역삼각형 모양의 뼈로 덮개처럼 관절의 앞면을 보호하고 있다.

무릎뼈와 관련된 역사 이야기를 하나 하겠다. 전국시대 제齊나라에 손빈孫臏이란 병법가가 있었다. 손빈이 누구냐 하면 제나라의 장군 전기田忌에게 다음과 같이 마차 경주에서 이기는 방법을 가르쳐준 사람이다.

"장군의 제일 느린 하등 마차를 상대방의 가장 빠른 상등 마차와 달리게 하고, 장군의 상등 마차는 상대방의 중등 마차와, 장군의 중등 마차는 상대방의 하등 마차와 달리게 하십시오."*

손빈은 원래 위魏나라 사람 방연龐涓과 함께 귀곡자鬼谷子의 문하에서 병법을 배웠는데, 손빈의 재능이 방연보다 뛰어났으므로 방연은 손빈을 시기했다. 공부를 마친 다음 방연은 위나라의 대장군이 되었다. 그러나 스스로 손빈을 당할 수 없다고 생각하여 손빈을 해칠 계획을 세우고 은밀히 사람을 보내 손빈을 불러들였다. 손빈이 찾아오자 방연은 없는 죄를 뒤집어씌워 경형黥刑과 빈형臏刑에 처했다. 경형은 얼굴에 먹물로 글자를 넣는 형벌

---

* 손빈의 계책으로 전기는 내기에서 2승 1패의 전적으로 승리하여 천금을 땄다. 이 일로 손빈을 더욱 신임하게 된 전기는 그를 제나라 위왕威王에게 천거했고, 왕 역시 손빈과 병법에 관한 문답을 가진 뒤 그를 스승으로 받들었다.

이고, 빈형은 무릎뼈를 도려내는 형벌이다. 그는 빈형이라는 잔혹한 형벌을 받았기 때문에 나중에 손빈이란 이름으로 불렸다(스승 귀곡자가 손빈이 앞으로 빈형을 받을 것을 예측하고 이름을 손빈으로 바꾸어주었다는 설도 있다).

빈형에 처해진 손빈은 두 발에 장애를 입은 것인데, 이를 해부학적으로 설명하면 다음과 같다. 넓적다리 앞부분의 주요 근육은 넙다리네갈래근(대퇴사두근大腿四頭筋)인데, 이 근육의 끝은 무릎뼈의 윗부분에 붙어 있다. 그리고 무릎뼈의 아래쪽 끝부분에는 무릎인대가 있는데 이 인대로 무릎뼈와 정강뼈가 이어져 있다. 그래서 넙다리네갈래근이 수축되면 무릎뼈가 위로 끌어당겨지는 동시에 무릎인대도 정강뼈를 위로 끌어당기게 된다. 그래서 무릎을 구부릴 수도 있고 곧게 펼 수도 있는 것이다. 그런데 손빈은 무릎뼈를 도려내서 무릎을 똑바로 펼 수도 없고 설 수도 없으며, 걸을 수도 없게 된 것이다.

뒷사람들의 고증에 따르면 손빈이 받은 형벌은 빈형이 아니고 월형刖刑(두 발을 자르는 형벌, 혹은 발뒤꿈치를 자르는 형벌)이라는 설도 있다. 어떤 형벌이었든 간에 모두 손빈을 종신 장애인으로 만든 잔혹한 형벌이었다. 어쨌든 그의 동창은 정말로 무섭고 악독한 사람이었다.

살점을 도려내는 무 다리 미용법

넓적다리를 몇 개의 부분으로 나누자면 앞부분에서 가장 중요한 근육은 넙다리네갈래근이다. 이 근육은 인체에서 가장 크고 가장 힘 있는 근육으로 무릎을 곧게 펴고 엉덩관절을 구부리게 한다.

넓적다리 앞부분의 안쪽에 있는 띠처럼 좁고 긴 근육인 넙다리빗근(봉공근縫工筋)도 아주 중요한 근육이다. 이 근육은 골반 앞쪽에 있는 전상장골극前上腸骨棘(골반 앞부분의 좌우에 있는 두 개의 돌출)에서 넓적다리 안쪽으로 비스듬히 뻗어나가 정강뼈 상단에서 그친다. 무릎을 들어 올리고 양반다리를 하거나 제기 차는 동작을 할 수 있는 것은 이 근육 덕분이다.

넓적다리 뒷부분에도 세 개의 중요한 근육이 있다. 바깥쪽에서부터 안쪽으로 순서대로 넙다리두갈래근(대퇴이두근大腿二頭筋), 반힘줄모양근(반건양근半腱樣筋), 반막모양근(반막양근半膜樣筋)이 있는데, 이 세 근육 덕분에 무릎을 굽힐 수 있을 뿐만 아니라 걷기, 도약, 기어가기 등의 동작을 할 수 있다. 그리고 넓적다리 안쪽에는 여섯 개의 근육으로 이루어진 모음근들*이 있는데 이

---

*   이를 '대퇴내전근'이라고 하는데, 두덩근(치골근恥骨筋), 장내전근長內轉筋, 단내전근短內轉筋, 대내전근大內轉筋(두 개의 근육으로 되어 있음), 박근薄筋 등을 포함하고 있다.

근육들은 엉덩관절을 안으로 모으는 역할을 한다. 예컨대 평영平泳을 할 때 넓적다리를 오므렸다 펴는 동작을 할 수 있는 것은 이 근육들 덕분이다.

종아리도 세 부분으로 나눌 수 있다. 정강이근육(전경골근前脛骨筋, 즉 앞정강근이라 한다)은 주로 발등을 정강이 쪽으로 당기도록 발목관절을 움직이게 하거나 발가락을 곧게 펴는 등의 동작을 담당한다. 정강이 바깥쪽 근육은 발바닥이 바깥쪽으로 향하도록 발목을 움직이게 한다. 장딴지 근육은 발끝을 세우고 발돋움을 하거나 발가락을 굽히는 동작을 담당한다.

장딴지의 주요 근육은 표층에 있는 장딴지근(비복근腓腹筋)과 가자미근 그리고 심층에 있는 오금근(슬와근膝窩筋)과 발가락굽힘근(지굴근趾屈筋) 등이다.

장딴지에는 장딴지근이 있고, 그 아래에 가자미근이 있는데 생긴 모양이 가자미처럼 납작해서 이런 이름이 붙었다. 이 두 개의 근육은 발목에서 공동으로 강인한 아킬레스 힘줄을 이루는데, 그 끝은 발뒤꿈치에 있는 발꿈치뼈(종골踵骨)에 붙어 있다. 장딴지근과 가자미근은 두 가지 기능을 가지고 있다. 하나는 무릎관절을 굽힐 수 있게 하는 것이고(장딴지근), 또 하나는 발꿈치뼈를 위로 들어 올려 발돋움하는 동작을 하게 하는 것이다.

장딴지근의 근육질은 모두 종아리 상반부에 집중되어 있고,

하반부는 힘줄이다. 많은 여성을 신경 쓰이게 하는 '무 다리'는 장딴지근이 지나치게 발달해 종아리 위로 불거져 나와 종아리가 크고 튼실하게 보이는 현상이다. 나처럼 생물과학을 공부하는 사람의 눈에는 건강한 신체가 아름답다. 골격, 근육, 혈관, 신경 등 하나도 정교하고 섬세하지 않은 것이 없다. 가냘프고 아름다운 다리가 사람들의 넋을 빼앗는 건 사실이지만 건강하고 튼실한 다리도 아름답다. 예뻐지고 싶은 젊은 여성은 강건하고 튼실한 다리가 아름답다는 말을 받아들이기 어려울 것이다. 심지어 많은 여성이 다리 때문에 열등감을 느끼고 툭 튀어나온 '무'를 제거해야 속이 시원해질 거라고 생각하기도 한다.

종아리 둘레를 축소하기 위해 임상에서는 다음 몇 가지 방법을 사용한다. 하나는 지방을 제거하는 것인데, 안타깝게도 종아리에는 피하지방이 많지 않아 다리 둘레를 축소하는 데 한계가 있다. 또 하나는 보툴리눔 독소botulinum toxin, 즉 보톡스나 레이저를 사용하여 장딴지근을 지배하는 신경을 차단해 장딴지근이 위축되게 만드는 것이다. 또 다른 방법은 최소 침습 수술을 통해 다리에 기구를 집어넣어 장딴지근을 잘라내는 것이다. 장딴지근이 제거되어도 그 아래에 가자미근과 아킬레스 힘줄이 연결되어 발꿈치뼈에 붙어 있기 때문에 여전히 발돋움이나 걷기 같은 동작을 할 수 있다. 그러나 걸어 다니는 데는 영향을 받지 않지만 근육을 제거하기 전처럼 빠른 속도로 달리기는 어렵다.

근섬유의 차이를 기준으로 인체의 근육은 적색근육(지근遲筋)과 백색근육(속근速筋)으로 나눌 수 있다. 적색근육은 혈관이 발달하여 혈액의 공급을 충분히 받고 미오글로빈 함량이 많아서 붉은색을 띤다. 적색근육은 많은 산소를 필요로 하며 에너지 생산 속도가 느리지만 지속적인 운동 능력을 가지고 있으며 쉽게 피로해지지 않는다. 백색근육은 혈관이 발달하지 않고 미오글로빈의 양이 매우 적거나 없어 연한 적색이거나 무색이다. 무산소 호흡 대사를 하여 수축하며 짧은 시간에 순발력을 낼 수 있는 대신에 쉽게 피로해진다.

인체의 근육은 대부분 이 두 가지 근섬유가 혼합되어 있다. 장딴지근은 백색근육이 많고 적색근육이 적다는 특징을 가지고 있다. 가자미근은 반대로 적색근육이 많고 백색근육이 적다. 장딴지근을 제거하고 가자미근만 남아 있어도 걸어 다니는 데 아무런 문제가 없지만 운동경기에서 눈부신 활약을 하려면(특히 빨리 달리거나 순발력이 필요한 운동을 하는 선수들) 반드시 장딴지근이 받쳐주어야 한다.

아킬레우스의 약점

　고대에는 피정복국의 군사력을 약화시킬 목적으로 말이나 소의 '발꿈치 힘줄'을 끊었다고 하는데, 여기서 말하는 '발꿈치 힘줄'이 바로 장딴지근과 가자미근이 공동으로 이룬 힘줄인 아킬레스건이다. 조폭들이 상대방에게 보복하거나 위협하기 위해 아킬레스건을 끊는 잔혹한 수단을 사용하기도 하는데, 이렇게 아킬레스건을 잘린 사람은 과거에는 의료 기술이 지금처럼 발달하지 않은 데다 대개 수술 시기를 놓쳐 일생 동안 다리를 절어야 했다. 그래서 옛날 어르신들은 발꿈치 힘줄이 잘리면 평생 불구가 된다고 말한 것이다. 하지만 의료 기술이 발달한 오늘날에는 아킬레스건이 끊어져도 너무 오래 지체하거나 상황이 복잡하지 않으면 수술로 다시 이을 수 있다.

　발꿈치 힘줄이 아킬레스건이란 독특한 이름을 갖게 된 것은 고대 그리스 신화에서 기원한다. 그리스의 영웅 아킬레우스는 테티스 여신의 아들이다. 그가 태어났을 때 테티스는 아들을 불사신으로 만들고자 아이의 발뒤꿈치를 잡고 저승에 흐르는 스틱스 강물에 거꾸로 집어넣었는데, 손에 잡힌 발뒤꿈치는 강물에 적셔지지 않아 이 부분이 아킬레우스의 치명적인 급소가 되고 말았다. 아킬레우스는 결국 발뒤꿈치에 화살을 맞고 목숨을 잃었다. 그 후부터 '아킬레스건'은 약점이나 치명적인 급소를 비유하여 이르는 말이 되었다.

해부학적 관점에서 보면 아킬레스건은 조금도 약하지 않다. 이 힘줄은 길이가 15센티미터, 너비가 4, 5센티미터, 두께가 0.5센티미터 되는 인체에서 가장 큰 힘줄이다. 해부 시간에 이 힘줄을 자르도록 가르치는데 자르기가 결코 쉽지 않다. 아킬레스건은 이처럼 약하지 않지만 과도하게 쓰거나(충격을 많이 받는 격렬한 운동을 직업으로 하는 사람), 큰 충격을 받으면 파열될 수 있다. 미국 NBA의 전설적인 선수 코비 브라이언트Kobe Bryant도 경기 도중 아킬레스 힘줄이 파열되었다.

걷거나 뛰거나 도약하는 동작은 먼저 발끝을 들어 발돋움을 하는 동작에서 시작하며 발로 땅을 밟는 반작용력으로 몸이 앞으로 나아가는데, 모두 아킬레스건을 사용해야 할 수 있는 동작이다. 만약 이 힘줄이 파열되면 수술하고 여러 달 재활치료를 해야 회복될 수 있다. 하지만 옛날의 민첩한 몸놀림을 회복하는 것은 자신의 꾸준한 노력과 하늘에 달려 있다.

아름다운 형틀, 하이힐

　운동량이 보통인 일반인의 경우 아킬레스건이 파열될 일은 거의 없고, 운동 중에 가장 많이 당하는 부상은 발목을 접질리는 발목관절 염좌다.

　발목관절은 정강뼈, 종아리뼈, 목말뼈(거골距骨)로 이루어졌다. 정강뼈와 종아리뼈는 앞에서 설명했듯이 종아리에 있는 두 개의 뼈로, 끝부분이 한자 부수 冂 자 모양처럼 오목하게 생겼고, 목말뼈의 윗부분은 돌출되어 있어 서로 딱 들어맞는다. 목말뼈의 아래쪽은 발꿈치뼈다. 발목관절도 다른 관절들과 마찬가지로 안쪽과 바깥쪽에 모두 인대가 있어 관절을 튼튼하고 강하게 해준다. 하지만 발목관절은 안쪽 인대가 바깥쪽 인대보다 많다. 안쪽에는 네 개가 있는데 바깥쪽에는 세 개밖에 없으며 게다가 분산되어 있다. 그래서 걷다가 바깥쪽 관절이 더 쉽게 뒤틀려 부상을 당하는 것이다.

　발에 있는 중요한 뼈는 발목뼈, 발허리뼈, 발가락뼈(지골趾骨)다. 발목뼈는 방금 설명한 목말뼈 그리고 발꿈치뼈, 발배뼈(주상골舟狀骨), 입방뼈(입방골立方骨), 쐐기뼈(설상골楔狀骨)를 포함하고 있다. 다리 부위에서 발목뼈는 손 부위의 손목뼈(완골腕骨)에 해당한다. 그리고 발허리뼈와 발가락뼈는 손바닥의 손허리뼈와 손가락뼈(지골指骨)에 해당한다. 이 뼈들은 아치 모양으로 배열되어 있어 발에 자연적으로 발아치(족궁足弓)가 만들어진다. 평발이 되는 원인은 여러 가지다. 뼈 모양에 문제가 있어 그럴 수도 있고, 발 부위 인대의 강도가 충분히 강하지 못하거나 근력이 부족하여 내측 발아치가 만들어지지 않아서 그럴 수도 있다.

서 있거나 걸을 때 첫 번째 발허리뼈와 엄지발가락뼈 사이에 체중의 대부분이 실린다. 엄지발가락 밑부분에 두 개의 종자뼈(종자골種子骨)가 있는데 무게를 견디고 마찰력을 줄이는 역할을 한다. 손에는 이에 대응되는 뼈가 없다. 여성들이 하이힐, 특히 끝이 뾰족한 하이힐을 신으면 엄지발가락 밑부분의 관절이 불완전 탈골되기 쉽다. 엄지발가락이 바깥쪽(두 번째 발가락 쪽)으로 치우치고 첫 번째 발허리뼈는 안쪽으로 치우쳐 관절이 변형되어 두드러지게 휜 각도가 형성된다. 엄지발가락과 두 번째 발가락 사이가 커져 종자뼈가 두 번째 발가락 쪽으로 밀려나며 엄지발가락과 두 번째 발가락의 연조직 가운데 끼게 된다. 만약 오랜 시간 이런 압박을 받으면 심하게는 걸을 때 찌르는 것 같은 통증을 일으킨다. 또 엄지발가락이 두 번째 발가락 위에 겹치기도 하는데, 이런 현상을 무지외반증拇趾外反症이라 한다.

나와 남편이 막 귀국해 교단에 섰을 때, 시어머니는 우리 부부가 너무 자유롭고 편한 복장으로 출근한다고 생각하셨는지 교수는 타인의 모범이 되어야 하므로 옷을 잘 갖춰 입어야 한다고 말씀하셨다. 하지만 내게 하이힐이란 아름다운 형틀이다. 게다가 실험 과목은 서 있는 시간이 길다. 하이힐을 신으면 내 발은 아마도 얼마 안 가서 문제가 생기고 말 것이다. 더구나 나는 행동이 굼떠서 하이힐을 잘 신지 못하고, 신었다고 해도 잘 걷지 못한다. 오랫동안 나는 편하고 굽 낮은 신발을 신고 사방으로 자유롭게 쏘다니는 게 습관이 되었다. 어차피 교수라는 것이 여기저기 얼굴을 내미는 직업도 아니지 않은가. 나의 불쌍한 두 다리에 자비를 베푸는 게 좋지 않을까?

발 해부를 마치면 다리 부위 해부는 일단락지어진다. 다음 장에서는 큰 뼈와 큰 근육이 있는 다리와는 다르게 정교하고 섬세한 얼굴 부위를 공부한다. 영리할 뿐만 아니라 손재주가 있어야 주어진 임무를 흠잡을 데 없이 완수할 수 있을 것이다.

당신의 얼굴

여덟 번째 수업: 안면 해부

이 책에서는 안면 해부를 뒷부분에서 다루지만, 실제 해부 수업에서는 학기 중간에 안면 해부 과정을 시작한다. 뇌 아래에서 가슴 윗부분 사이의 두경부頭頸部 해부 과정은 공부할 내용이 너무 많아서 학생들이 단숨에 소화해내기가 어렵다. 이런 어려움을 피하고 또 인력을 효과적으로 배치하기 위해 학기 중간에 안면 해부 과정을 안배한다. 그리고 학생들이 충분히 배우고 익힐 수 있도록 수업 시간을 충분히 확보하여 진도를 나간다.

　배우고 익힐 내용이 그렇게 많다면 아예 첫 번째 수업 시간부터 '머리' 부위를 해부하면 되지 않겠냐고 물을 수도 있다. 하지만 그렇게 하지 않는 이유가 있다. 머리 부위 해부에는 고도의 기술이 필요하다. 그런데 학생들은 해부 초보자들이다. 아직 걸음마도 못 떼었는데 어떻게 뛸 수 있겠는가? 그리고 '얼굴'은 매우 특별한 부위다. 시신을 한 번도 본 적 없는 학생들이 해부를 시작하자마자 시신 스승과 얼굴을 맞대야 한다면 아마 심리적 충격이 클 것이다. 그래서 머리 부위가 아닌 다른 부위부터 시작하는 것이다.

시신 스승의 몸 전체는 분사噴射해서 코팅한 유백색 막으로 한 겹 싸여 있다. 이 막은 몸과 완벽하게 밀착되어 있는데, 해부를 시작할 때 한 번에 모두 잘라내지 않고 진도에 맞춰 하나씩 해부할 부위의 막을 잘라낸다. 학생들이 얼굴 해부 과정에 들어설 때쯤이면 해부 실습을 시작한 지 한 달 정도 지난 터라 기술면에서나 심리면에서나 모두 상당히 준비가 되어 있는 상태다.

그렇다고 해도 시신 스승과 직접 얼굴을 마주 대하면 긴장하지 않을 수 없는데, 막을 잘라내고 나면 비로소 마음의 안정을 되찾는다. "어! 우리 스승께서 웃고 계시네"라는 말을 학생들에게 자주 들을 수 있다. 이 말은 정말이다. 해부학을 가르친 지 십여 년, 그동안 본 시신 스승들의 표정은 대부분 마치 달게 자고 있는 듯 평온해 보였다. 학생들 말처럼 정말로 미소를 짓고 있는 것도 많이 보았다. 물론 이들이 이미 세상을 떠난 사람들이란 사실을 알고는 있지만 시신 스승의 미소 띤 얼굴을 보면서 대부분의 학생들은 시신 스승이 자기를 격려하고 있다거나, 자기가 시신 스승의 소원을 들어주고 있다는 느낌을 갖게 된다.

츠지 대학 의대는 다른 학교 의대와는 달리 학생들과 시신 스승이 끈끈하게 맺어져 있다. 육안해부학 과목을 시작하기 전에 학생들은 이미 가정방문을 마친 상태다. 학생들이 수업 과정에서 이처럼 자신의 스승을 깊이 이해할 수 있는 기회는 잘 주어지지 않을 것이다.

얼마 전 국외의 한 의과대학에서 우리 학교의 이런 방식에 대해 혹시 학생들이 너무 정에 얽매여 문제가 되지 않겠냐고 질의해왔다. 하지만 나중에 우리 학교의 방식을 충분히 이해한 뒤에는 긍정적으로 평가했다. 시신 스승과 정이 깊다고 해서 학생들이 공부하는 데 문제가 생기는 것이 아니며 도리어 이런 친밀감과 정 때문에 이 과목을 더 열심히 공부하고 있다. 그렇게 하지 않으면 시신 스승을 대할 면목이 없다고 생각하기 때문이다. 시신 스승은 이미 이 세상 사람이 아니지만 학생들과 시신 스승 사이에 정말로 모종의 '스승과 제자의 정'이 존재하는 것 같다고 느낀 적이 한두 번이 아니다. 그래서 얼굴을 해부할 때 학생들이 시신 스승께서 웃고 있는 것 같다고 말하는 것이다. 이런 학생들을 보면 사랑스럽다는 생각이 든다.

얇은 얼굴 피부

얼굴을 해부할 때 학생들에게 주의를 환기시킨다.

"뻔뻔스런 사람을 보고 낯가죽이 두껍다고 욕하지만 이 세상에 정말로 낯가죽이 두꺼운 사람은 없답니다. 사람의 얼굴 피부는 아주 얇으니까 메스를 댈 때 신중히 하세요."

얼굴은 신체의 다른 부위에 비해 피하지방이 거의 없어 절개하면 바로 근육이 보인다. 얼굴근육이 다른 근육과 다른 점은 다음과 같다. 다른 부위(예컨대 팔이나 다리)의 근육은 양쪽 끝이 뼈에 붙어 있어 수축하면 시작 부분이 끝 부분의 뼈를 움직이게 만든다. 하지만 얼굴근육은 한 끝은 뼈에 붙어 있고 다른 한 끝은 피부에 붙어 있다. 이것이 바로 우리가 표정을 지을 수 있는 까닭이다.

인체의 얼굴표정근(안면표정근顔面表情筋)은 매우 많다. 이 근육들은 모두 얼굴신경(안면신경)의 통제를 받는 맘대로근이다. 대부분의 얼굴근육(안면근육)은 그 이름을 보면 대략의 위치와 기능을 알 수 있다. 이마(전두前頭)에는 이마근(전두근前頭筋)이 있다. 입 부근에는 입꼬리당김근(소근笑筋), 위입술올림근(상순거근上脣擧筋), 아랫입술내림근(하순하제근下脣下制筋), 입꼬리올림근(구각거근口角擧筋), 입꼬리내림근(구각하제근口角下制筋), 입둘레근(구륜근口輪筋)

등이 있다. 눈 주위에는 눈둘레근(안륜근眼輪筋)이 있다. 광대뼈(관골顴骨) 부근에는 작은광대근(소관골근小顴骨筋), 큰광대근(대관골근大顴骨筋)이 있다. 이 가운데 눈 주위와 입 주위의 둘레근(윤근輪筋)은 독특하게도 고리 모양의 환상근環狀筋으로, 각각 눈을 감고 입을 삐쭉거리는 역할을 한다. 입둘레근은 입을 삐쭉거리는 동작을 담당하기 때문에 '키싱 머슬Kissing muscle'이라는 애칭으로 불린다.

얼굴을 해부할 때 대부분의 학생들은 좌절감에 한숨부터 내쉰다. 얼굴의 근육들이 너무 섬세해서 어떻게 손을 대야 할지 모르기 때문이다. 얼굴의 근육들은 대부분 아트지 두세 장 정도의 두께밖에 안 된다. 근육조직이 끊어지면 학생들은 자신이 잘못해서 끊어졌다고 생각한다. 하지만 이 근육들의 한쪽 끝은 피부에 붙어 있기 때문에 끊지 않으면 안 되는 경우가 많다. 결코 학생들의 손이 둔해서 그런 것은 아니다.

얼굴을 해부하면서 부딪치는 또 하나의 어려운 점은 근육과 결합조직을 구분하기 어렵다는 것이다. 얼굴의 근육들은 색깔이 연하고 또 매우 가늘어서 얼핏 보면 결합조직과 비슷하게 보인다. 그래서 학생들이 근육과 결합조직의 경계선이 어디 있는지 쉽게 찾아내지 못한다.

이마의 정중앙과 코, 입의 정중선을 절개한 뒤 피부를 귀 쪽으로 젖히고 먼저 한쪽을 해부하다가 잘못되면 다른 한쪽을 해부하여 실수를 만회할 수 있다.

아마 사람들이 얼굴을 중요하게 여기기 때문이 아닐까? 학생들은 얼굴을 해부할 때 대부분 진지한 마음으로 임한다. 비록 시신이지만 스승의 얼굴이므로 보기 흉하게 만들어놓을 수 없다는 생각에서다. 비 의학계열 사람들은 어쩌면 학생들이 얼굴을 해부할 때 심리적 부담이 이만저만이 아닐 것이라고 생각할지도 모르겠다. 하지만 그렇지 않다. 얼굴 해부는 난도가 매우 높은 과정이므로 학생들은 혼신의 힘을 다해 궁리해가며 주어진 작업을 해낸다. 그들이 두려워하는 것은 시신 스승을 앞에 두고 어찌해야 할 바를 모르는 것이 아니라 실수나 과락이다.

복잡한 얼굴신경

얇은 얼굴 피부를 들어내는 일은 아주 어렵다. 학생들은 먼저 복잡한 얼굴신경을 가려내야 한다.

얼굴신경은 (열두 쌍의 뇌신경 가운데) 일곱 번째 뇌신경 쌍으로 귀밑샘(이하선耳下腺)의 깊은 곳에서 뚫고 나와 두경부에서 다섯 개의 분지로 갈라진다. 얼굴신경을 쉽게 찾으려면 먼저 귀 앞쪽에 있는 귀밑샘을 찾으면 된다. 귀밑샘은 침샘(타액선唾液腺) 가운데서 가장 큰 한 쌍으로 좌우 귀밑에 하나씩 있다. 여기에서 나온 침은 귀밑샘관을 통해 입으로 보내진다.

귀밑샘을 기준으로 하면 얼굴신경 분지의 위치를 대강 알 수 있다. 여러분도 한 번 찾아보기 바란다. 손목뼈 부분을 귀 부근에 붙이고 손가락을 수평으로 하여 코 쪽으로 펼쳐 얼굴을 덮으면 다섯 손가락이 닿는 위치에 얼굴신경의 다섯 분지가 있다. 엄지손가락에서 새끼손가락이 닿는 위치까지 차례로 측두지側頭支(옆머리), 관골지顴骨支(광대뼈, 협골지頰骨支라고도 함), 협근지頰筋支(볼), 하악연지下顎緣支(아랫턱), 경지頸支(목)가 있다. 이 분지의 이름을 보면 이 신경들이 지배하는 부위를 알 수 있다.

다섯 개의 분지만 설명했지만, 사실은 이 분지에서 더 가는 분지가 갈라져 나가 마치 그물처럼 얼굴에 퍼져 있다. 신경의 원줄기부터 분지를 찾아가면 좀 더 찾기 쉽지만 얼굴을 해부할 때 피부를 젖히는 방향이 신경이 분지되는 방향과는 반대라서 (피부를 중앙에서 귀 쪽으로 제침) 분지가 먼저 보인다. 원줄기를 찾으려면 반대쪽으로 추적해야 하는 데다 얼굴 부위가 너무 얇기 때문에 신경이 끊어지기 쉬워 원줄기를 찾는 일이 보통 힘든 게 아니다. 그래서 학생들에게 한쪽을 먼저 해부하라고 하는 것이다. 사람의 신체는 대칭이므로 얼굴 한쪽을 망쳤어도 나머지 한쪽을 잘하면 잘못을 바로잡을 수 있다.

작년에 아버지의 오른쪽 귀밑샘이 갑자기 부어올랐다. 가장 자리가 뚜렷하게 만져지는 단단한 덩어리였다. 의사는 양성으로 판단했지만 분비샘 자체가 부어올라 말을 할 수도 음식을 씹을 수도 없었다. 수술하는 데 꽤 오랜 시간이 걸렸다. 당시 나는 오후 내내 수술실 밖에서 기다리면서 어머니와 여러 통의 전화를 했는데, 통화할 때마다 아직도 수술 중이라는 말만 한 것 같다. 어머니는 고작 귀밑샘 하나 수술하는데 무슨 놈의 시간이 이렇게 많이 걸리느냐며 걱정이 이만저만이 아니었다. 나는 얼굴 부위의 얼굴신경은 너무 복잡해서 수술을 잘못하면 나중에 표정을 짓는 데 문제가 생기기 때문에 시간이 많이 걸린다고 설명해주었다. 수술이 끝난 다음 아버지를 뵈러 갔다. 아버지의 옆얼굴에는 의사가 꼼꼼하게 꿰맨 흔적이 엿보이는 약 10센티미터 길이의 수술 자국이 있었다. 아마 사람들은 이 수술 자국만 보고는 이 수술이 무려 다섯 시간에 걸쳐 진행된 대공사였다고 전혀 생각지 못할 것이다.

경험이 많은 의사가 귀밑샘을 제거하는 데 무려 다섯 시간을 쓸 정도니 우리 풋내기 학생들이 얼마나 오랜 시간 헤매며 허우적댔을지 익히 짐작할 수 있지 않겠는가? 게다가 학생들은 신경만 찾아야 하는 것이 아니라 얼굴동맥과 얼굴정맥도 찾아야 한다. 다른 부위는 혈관과 신경을 가려내기 쉬운 편이다. 혈관은 가운데가 비어 있고 신경은 속이 꽉 차 있으므로 핀셋으로 집어 살펴보면 구별해낼 수 있다. 하지만 얼굴은 부위가 작고 혈관과 신경이 모두 아주 가는 데다 시신 스승은 포르말린 고정을 거쳤으므로 피부에 탄력이 없다. 그래서 혈관과 신경이 똑같이 생긴 것처럼 보여 식별하기가 유달리 어려운 것이다.

실험 과목은 한 수업시수授業時數에 네 시간 동안 진행하는 수업인데, 학생들은 세 수업시수 열두 시간을 쓰고도 여전히 헤매고 있다. 아마도 신경 원줄기 관찰에 들어서야 비로소 눈앞이 환해질 것이다.

아름다운 영혼의 창, 눈

실험실에서는 먼저 뇌 부위를 들어낸 다음 오관五官을 관찰한다. 하지만 독자들이 이해하기 쉽게 얼굴 해부에 대해 공부하는 이 장에서 오관을 먼저 설명한다.

먼저 영혼의 창인 눈에 대해 이야기해보자. 눈알(안구眼球) 주위에는 여섯 개의 작은 근육이 있다. 이마뼈(전두골前頭骨)를 열면 이 작은 근육들을 볼 수 있다. 이마뼈는 이마 부위에 있는 아주 단단한 뼈지만 눈알 윗부분에 이르면 얇아져 어렵지 않게 깰 수 있다. 하지만 이 부위의 근육, 신경, 혈관이 모두 매우 가늘어서 인내심을 가지고 세심하게 해부해야 한다.

내부 구조를 관찰하려면 이 작은 근육들과 시신경을 잘라내야 한다. 그런 다음 눈알 하나를 꺼내 절개하여 관찰한다. 눈알은 지름이 2, 3센티미터쯤 된다. 눈알의 가운데를 절개하면 수정체水晶體, 홍채虹彩, 유리체琉璃體, 망막網膜 등의 구조를 관찰할 수 있다. 눈은 매우 정밀한 카메라처럼 생겼다. 수정체는 카메라의 렌즈에 해당하며 지름 약 1센티미터의 납작한 타원형 공 모양의 구조로 반투명의 오팔(오팔에는 여러 가지 색이 있는데, 여기서 말하는 것은 반투명한 오팔이다)과 비슷한 색깔을 띠고 있는데, 투명하게 빛나며 매우 아름답다. 해마다 수정체를 해부할 때면 여기저기서 놀라 찬탄하는 소리가 쏟아진다.

수정체 앞쪽에 색깔이 있는 환상 구조가 홍채다. 눈동자 색깔은 이 홍채에 의해 결정된다. 홍채는 파인애플 통조림 속에 들어 있는 파인애플을 가로로 자른 횡단면과 비슷하다고 보면 된다. 이 파인애플 횡단면의 가운데 구멍이 바로 동공瞳孔, 즉 눈동자다. 그리고 횡단면에 해당하는 홍채에는 민무늬근이 있어 눈동자의 크기를 조절한다.

흰자위 부분은 공막鞏膜이라고 한다. 공막은 흰색의 결합조직이다. 눈알을 절개하면 그 내부가 바로 젤리와 같은 반고체 상태의 유리체다. 눈알의 가장 바깥층은 흰색의 공막이고, 안쪽으로 그 아래층은 약간 짙은 색의 맥락막脈絡膜(얽힘막)이며, 가장 안쪽 층은 옅은 노란색의 망막이다.

이 얇디얇은 망막은 무려 열 개의 층으로 이루어졌다. 망막에는 색소세포, 광수용체光受容體* 그리고 여러 가지 신경세포가 있다. 물론 육안해부학 과목에서 육안으로는 이 세포들의 구조를 관찰해낼 수 없고 조직학 과목에서 현미경을 통해서만 이렇게 세밀하게 나뉜 층들을 관찰할 수 있다.

강한 공기청정기, 코

코안과 입안(구강口腔)을 관찰하려면 머리 부위를 많이 훼손해야 한다. 시신 스승 머리 부위의 정중앙에 가까운 부분에서 실톱으로 콧마루와 코안 위쪽의 머리뼈를 톱질한다. 코중격(비중격鼻中膈)을 한쪽에 남겨두어야 관찰하기 좋으므로 중앙선에서 약간 벗어난 곳을 톱질한다. 이어 입안을 관찰하기 편하도록 단

---

*   원추세포와 간상세포가 있다. 원추세포는 빛이 많을 때 활동하는 광수용체로 특정한 색깔을 인식한다. 간상세포는 희미한 빛에 활동하는 광수용체로 야간 시력을 담당한다.

단입천장(경구개硬口蓋)을 톱질한다. 하지만 이렇게 톱질하는 과정에서 아래턱뼈(하악골下顎骨)는 톱질하지 않고 온전히 보존한다. 정중선을 중심으로 머리를 정확하게 반으로 가르는 것이 아니라 다만 관찰할 수 있을 정도만 코 가운데 부분을 가르는 것이다.

코는 아주 좋은 공기청정기다. 코안은 코중격을 중심으로 왼쪽과 오른쪽으로 나뉜다. 코안의 외측 벽에는 세 개의 돌출된 골격 구조가 있는데 이를 '코선반(비갑개鼻甲介)'이라고 한다. 상·중·하로 구분되는 이 세 개의 코선반은 코안을 상비도上鼻道, 중비도中鼻道, 하비도下鼻道 그리고 맨 위에 있는 나비벌집오목(접형사골함요蝶形篩骨陷凹) 등 네 개의 통로로 나뉘어 공기가 접촉하는 면적을 늘린다. 코선반과 비도 위에는 코점막(비점막鼻粘膜)이 덮여 있다. 코점막의 상피 표면에는 섬모가 있는데, 섬모는 목구멍 방향으로 일렁거린다. 일부 세포는 분비 기능이 있어 점액을 분비해 공기 중의 먼지와 알갱이 등이 붙게 만든다. 그런 다음 섬모운동으로 목구멍까지 밀어내어 삼키거나 기침하는 방식으로 이 이물질들을 제거하여 허파로 흡입되지 않도록 한다.

코는 공기청정기일 뿐만 아니라 아주 좋은 가습기이며 가열기다. 코점막 아래에는 많은 혈관이 있어 흡입된 공기를 따뜻하게 만든다. 그리고 분비물은 공기의 습도를 높인다. 그래서 한

랭건조한 곳에서는 흡입된 공기가 코안과 목구멍을 지날 때까지 차갑게 느껴지지만 허파에서는 차갑게 느껴지지 않는다.

코는 이처럼 공기를 깨끗하고 맑고 촉촉하게 만드는 것 말고도 냄새를 맡는다. 코안의 맨 위쪽(상비도 윗부분)에 후각점막이 있는데, 이 점막에 후각세포가 있어 냄새를 분별한다.

코안에는 또 코눈물관(비루관鼻淚管)이 있는데, 코눈물관의 개구부는 눈 안쪽에 있는 눈물주머니(누낭淚囊)와 서로 통한다. 이 부분을 해부할 때 학생들에게 탐침으로 탐색하도록 가르친다. 시신 스승의 눈 안쪽에 아주 가는 탐침을 집어넣으면 탐침이 코눈물관을 타고 들어가다 마지막에 하비도로 나오는 것을 볼 수 있다. 그래서 눈물샘(누선淚腺)의 분비물이 코눈물관을 타고 코안으로 들어갈 수 있는 것이다. 심하게 울면 얼굴이 온통 눈물범벅 콧물범벅이 되는데, 이때 흘러나온 액체는 사실은 콧물이 아니라 코눈물관을 타고 흘러나온 눈물이다.

코안과 그 주위의 머리뼈 사이에는 아주 많은 구멍이 있는데 모두 코곁굴(부비강副鼻腔)과 통한다. 코곁굴은 서로 다른 몇 개의 골격 안에 있는데, 이마뼈 안에는 이마굴(전두동前頭洞)이 있고, 코안 뒤쪽 윗부분의 나비뼈(호접골胡蝶骨) 안에는 나비굴(접형동蝶形洞)이 있으며, 벌집뼈(사골篩骨) 부위에는 벌집뼈굴(사골동篩骨洞)이 있고 위턱뼈(상악골上顎骨)에는 위턱굴(상악동上顎洞)이 있다. 이 굴들은 모두 한 쌍씩 있으며 대칭을 이룬다.

이 공간들은 코안과 서로 통하며, 표면은 점액을 분비하여 공기를 걸러낼 수 있는 코점막으로 덮여 있다. 그래서 감기에 걸리면 코안만 바이러스에 감염되는 것이 아니라 서로 통하는 이 통로를 타고 코곁굴까지 감염된다.

온갖 맛을 다 보는 입

시신 스승은 포르말린 고정을 거쳐서 혀가 아주 뻣뻣하다. 그래서 입안을 해부하기 전에 학생들끼리 입을 벌리고 서로 관찰하게 한다. 시신 스승의 입안을 직접 관찰하는 것보다 구조를 더 똑똑히 관찰할 수 있기 때문이다.

혀는 미각기관으로 많은 맛봉오리(미뢰味蕾)가 분포해 있다. 혀 표면에는 돌기된 매우 많은 유두乳頭가 있는데 모양에 따라 실유두(사상유두絲狀乳頭), 버섯유두(용상유두茸狀乳頭), 잎새유두(엽상유두葉狀乳頭), 성곽유두城郭乳頭의 네 가지로 분류된다. 이 네 가지 가운데 실유두에만 맛봉오리가 없다. 혀에 가장 많이 분포되어 있는 것은 실유두와 버섯유두다. 누구나 거울을 보며 스스로 관찰할 수 있다. 혀에 좀 희고 작은 원뿔 모양으로 돌기한 것이 실유두이고, 비교적 붉은 둥근 점이 버섯유두인데 실유두보다 조금 더 크고 혀끝에 빽빽이 퍼져 있다. 잎새유두는 목구멍에 가까운 혀 뒤쪽 측면 가장자리에 퍼져 있다. 성곽유두는 혀끝에서 안쪽으로 3분의 2쯤 되는 지점(혀뿌리에서 앞쪽으로 3분의 1이 되는 지점)에 위치하는데 중간에 버섯 모양의 돌기가 있고 주위는 마치 해자처럼 한 바퀴 둘러져 있다. 성곽유두는 혀유두(설유두舌乳頭) 가운데 부피가 가장 큰 유두로 8~12개밖에 없다.

맛봉오리는 여러 개의 세포로 이루어진 타원체 구조로, 그 안에 신경세포의 특성을 지닌 특화된 상피세포가 있어 맛을 느끼게 해준다. 이 세포들은 재생 능력이 있어 약 10~15일마다 새로 바뀐다. 나이가 많이 들면 감소하면서 미각이 둔해진다.

혀를 들면 혀 아래에 있는 혀밑띠(설소대舌素帶)가 보인다. 혀밑띠는 혀와 입안의 밑부분을 연결하는 띠 모양의 구조로 혀를 원활히 움직이게 해준다. 예전에는 아이가 한두 살이 되어도 혀 짧은 소리를 내면 이 혀밑띠를 잘라주기도 했다.

혀는 근육질 위주로 된 기관이다. 혀에는 결이 가로로 난 근육도 있고 세로로 난 근육도 있으며 비스듬히 난 근육도 있다. 그래서 절개하면 다른 부위의 근육과는 달리 근섬유다발(근섬유속筋纖維束)을 볼 수 없다. 만질 때의 질감은 마치 내장과 같다. 하지만 내장과는 달리 혀의 근육은 민무늬근, 즉 불수의근不隨意筋

(제대로근)이 아니라 골격근, 즉 맘대로근이다. 그래서 의식적으로 혀를 움직여 말을 할 수 있는 것이다.

입안 부위를 수업할 때면 학생들은 TV 사극에서 혀를 깨물고 자진하는 장면이 종종 나오는데, 혀를 깨물면 정말 죽느냐고 묻기도 한다. 그러면 나는 이렇게 대답해준다.

"죽을 정도로 아프면서도 쉽게 죽지 않는 방법이랍니다."

혀는 매우 두꺼운 골격근이라서 아무리 힘주어 깨물어도 잘 끊어지지 않는다. 게다가 혀에는 굉장히 많은 신경이 퍼져 있어 평상시에 실수로 깨물어도 말할 수 없을 만큼 고통스럽다. 그런데 어떻게 깨물어 끊을 수 있겠는가? 혀를 깨물어 자살하려면 그 극심한 통증을 참아내야 끊을 수 있다. 설령 깨물어 끊었다고 해도 죽는다는 보장이 없다. 혀밑띠 양측에 굵은 혈관들이 있기는 하지만 혈관의 말초 부분이므로 치사량의 피를 흘리기까지는 아주 오랜 시간이 걸린다. 만약 응혈 기능이 좋아 지혈이 잘된다면 초주검이 될 정도로 아프기만 할 뿐이다.

혀를 관찰하면서 침샘도 찾아 관찰한다. 침샘은 세 쌍이 있는데 가장 큰 것은 얼굴신경을 공부할 때 설명한 귀밑샘이다. 그리고 혀 아랫부분에 혀밑샘(설하선舌下腺)이 있고, 아래턱 가장자리 부분에 턱밑샘(악하선顎下腺)이 있다.

성인은 위아래로 앞니 여덟 개, 송곳니 네 개, 앞어금니(작은

어금니) 여덟 개, 뒤어금니(큰어금니) 열두 개 등 서른두 개의 이를 가지고 있다. 하지만 시신 스승의 몸에 이가 다 있는 경우는 거의 없다. 대부분 틀니를 했거나 이가 빠져 있다.

입을 벌리면 입안 깊은 곳의 정중앙에 방울처럼 생긴 구조물이 보이는데 바로 목젖이다. 목젖은 물렁입천장(연구개軟口蓋)의 맨 끝에 있는데, 목젖의 양쪽 목구멍 벽에 편도선이 있다. 목구멍이 아파 이비인후과에 가면 의사가 입을 벌리라고 하는데 편도선에 염증이 있는지 보자는 것이다.

정교하고 섬세한 청각기관 귀

귀는 바깥귀(외이外耳), 가운데귀(중이中耳), 속귀(내이內耳)의 세 공간으로 나뉜다. 고막을 중심으로 바깥귀와 가운데귀로 나뉘고, 타원형의 구멍인 타원창橢圓窓(난원창卵圓窗)을 중심으로 가운데귀와 속귀로 나뉜다. 바깥귀는 단순하다. 우리가 해부 시간에 중점적으로 관찰하는 부분은 가운데귀와 속귀다.

가운데귀 속에는 아주 정교한 세 개의 귓속뼈(이소골耳小骨)가 있는데 바깥쪽에서 안쪽으로 각각 망치뼈(추골槌骨), 모루뼈(침골砧骨), 등자뼈(등골鐙骨)다. 소리가 이도耳道를 타고 들어오면 먼저 고막을 진동시킨다. 그러면 음파가 이 세 개의 귓속뼈를 따라 전해져 타원창을 지나 속귀로 들어간다. 이 세 개의 귓속뼈는 인체에서 가장 작은 뼈로, 너무 작아 확대경을 사용해야 뚜렷이 볼 수 있다. 이 가운데서 가장 작은 것이 등자뼈다. 크기가 약 2, 3밀리미터로 쌀알보다 작은데 아주 정밀하고 섬세하며 귀엽게 생겼다. 망치뼈는 고막에 붙어 있는데 작은 망치처럼 생긴 둥근 머리를 가지고 있다. 모루뼈는 쇠를 단련하기 위해 두들길 때 쓰는 모루처럼 생겼다. 등자뼈는 말을 탈 때 발을 디디는 등자처럼 생겼는데, 밑부분이 타원창에 붙어 있다.

속귀의 구조는 뼈미로(골미로骨迷路. 귀의 뼈에 미로처럼 생긴 공간)라고 하는 골질의 공간, 그리고 뼈미로 속에 들어 있는 막미로膜迷路(막으로 된 미로)라고 하는 막 모양의 관과 주머니로 이루어졌는데 그 안에 림프가 들어 있다.

뼈미로의 주요 구조는 달팽이관(와우관蝸牛管)과 반고리관(반규관半規管)이다. 달팽이관은 소리의 구조를 감지하는 역할을 하는데 그 이름에서 알 수 있듯이 달팽이 등껍질처럼 생겼으며 나선형으로 정확하게 2와 4분의 3바퀴 감겨 있는데, 가장 넓은 곳의 지름은 7, 8밀리미터다. 안뜰기관(전정기관前庭器官)의 뒤쪽 윗부분에는 앞, 뒤, 측면에 세 개의 반고리관이 있어* 인체의 평형감각을 담당한다.

이 부분은 해부 난도가 꽤 높다. 대부분이 뼈로, 뼈미로는 시신 스승의 관자뼈(측두골側頭骨) 속에 묻혀 있고 반고리관과 달팽이관 주위도 모두 단단한 뼈다. 이 부분을 해부할 때는 정교한 조각품을 만드는 것처럼 조심스럽게 끌과 망치로 뼈를 가볍게 두드려 깨뜨려야 안에 묻혀 있는 구조를 관찰할 수 있다. 하지만 귀 안의 구조가 아주 미세한 데다 시신 스승마다 골질의 밀도가 다르기 때문에 끌로 뼈를 파다 보면 마지막에 어떻게 갈라질지 예측하기 어렵다. 보통은 끌로 파다 잘못해서 반고리관을 자르게 되는데, 그러면 온전한 반원형을 볼 수 없고 그저 두 개의 구멍만 보게 된다.

　우리 학교에는 해부할 때 불필요하게 훼손하지 않는다는 원칙이 있다. 그래서 한 쌍으로 된 구조는 그중 한 개만 훼손한다. 예컨대 눈알은 하나만 꺼내 절개하고, 귀는 한쪽만 끌로 파서 연다. 하지만 잘못해서 훼손하면 어쩔 수 없이 시신 스승에게 한 번 더 헌신하여 가르침을 달라고 양해를 구한다.

---

*　　그래서 세반고리관이라고도 한다.

스승의 아름다운 얼굴을 원래 모습으로

시신 스승이 한바탕 절개 과정을 거치고 나면 아마도 원래의 모습을 찾아볼 수 없게 되리라고 생각할 것이다. 하지만 사람들이 상상하는 것만큼 산산조각이 나는 것은 아니다. 얼굴을 해부할 때 피부는 시신 스승의 얼굴 중앙부를 따라 절개한다. 눈과 입은 고리 모양의 환상근이기 때문에 입술 바깥쪽 1센티미터 둘레와 눈 바깥쪽 2, 3센티미터 둘레에 원형으로 절개할 수 있는 부분이 있다. 이를 절개하면 얼굴 중간을 중심으로 대칭되게 재단한 마스크 팩처럼 젖힐 수 있다. 물론 이 '마스크 팩'의 양쪽 끝은 귀에 붙어 있다.

학기말이 되면 시신 스승의 몸에서 적출한 내장, 대뇌, 눈알…… 등등의 기관들을 모두 원래 있던 자리에 되돌려놓아야 한다. 그뿐만 아니라 학생들은 반드시 시신 스승의 몸에 난 모든 절개선을 봉합해야 하고, 교수들은 이를 검사한다. 만약 봉합이 잘못되었으면 잘라내고 다시 하도록 가르친다.

한 학기를 시신 스승과 보내고 나면 학생들은 시신 스승에게 정을 느끼게 되어 교수들이 따로 요구하지 않아도 꼼꼼하게 봉합한다. 얼굴 부위는 피부가 얇아 봉합하다 쉽게 터진다. 만약 터지면 무슨 수를 써서라도 바로잡아야 한다. 얼굴에 봉합한 자리가 너무 많으면《프랑켄슈타인》의 괴물처럼 흉터투성이가 된다. 사람에게는 얼굴이 가장 중요하므로 시신 스승들의 얼굴을 단정하게 정리해 보내야 한다는 사실을 모두들 알고 있다. 그래서 학생들은 팀원 가운데서 손재주가 가장 좋은 사람에게 얼굴 봉합을 맡긴다.

어떤 학생들은 정말 놀라울 정도로 잘한다. 이전에 집에서 바느질을 해본 적이 없었을 텐데도 세심하고 빈틈이 없다. 그야말로 솜씨가 기가 막히게 좋다. 세로로 난 절개선이든 환형의 절개선이든 가리지 않고 깔끔하고 예쁘게 봉합한다. 바늘땀이 촘촘할 뿐만 아니라 한 땀 한 땀의 간격이 똑같아 마치 자수라도 놓은 듯하다. 봉합을 잘한 조는 득의양양해서 우리 교수들에게 솜씨를 자랑한다.

"선생님, 오늘 우리 시신 스승님이 특별히 예쁘지 않나요?"

학생들은 성실하게 마무리해 시신 스승이 영예롭게 교실을 떠날 수 있게 하는 것으로 시신 스승께 감사와 경의를 표한다.

학생들이 시신 스승의 얼굴을 싸고 있는 유백색의 막을 절개할 때 받는 첫인상은 시신 스승이 웃고 있는 것이라고 한다. 학생들이 이토록 따뜻하고 자상한 마음을 가진 사실을 황천에 계신 시신 스승도 알고서 칭찬의 미소로 보답하는 것이 아닐까?

애환의 세월을 담은 그릇

아홉 번째 수업: 뇌 해부

머리 부위에 관하여, 내게는 다시는 되돌아보고 싶지 않은 가슴 아픈 기억이 있다.

나보다 네 살 위인 오빠가 있었는데, 내가 초등학교 5학년 때 우리 곁을 영원히 떠났다. 당시 오빠는 중학교 3학년이었다. 몇몇 선생님들의 눈에 오빠는 불량소년이었다. 하지만 사실 오빠는 천성적으로 솔직하고 착했으며, 친구들과 어울리기 좋아하고 의리를 중시하는 소년이었다. 총명하고 주관이 뚜렷했던 오빠는 권위에 그다지 복종하지 않았다. 이런 '범생이'가 아닌 아이들은 불필요한 오해를 받기 쉽다.

청소년의 인격이 뭔지도 모르고 그저 짓밟기만 하던 당시의

억압된 분위기에서 아이들이 주장할 만한 프라이버시와 존엄은 아예 없었다. 당시는 학교에서 시도 때도 없이 학생들의 몸을 수색했다. 어느 날 오빠의 책가방에서 담배 한 갑이 나왔다. 오빠는 자기 것이 아니라 친구의 것을 맡아주었을 뿐이라고 주장했지만 선생님들은 아무도 그 말을 믿어주지 않았다. 오빠는 담배의 주인이 누구인지 끝까지 말하지 않았다. 학교에서는 아버지와 어머니를 소환하여 면담했고, 오빠를 퇴학시키겠다고 으름장을 놓았다. 담배를 피우는 것은 당연히 잘하는 짓이 아니다. 당시에는 더더욱 학생의 흡연은 품행에 심각한 흠결이 있는 것으로 여기는 분위기였다. 가방에서 담배가 나왔다는 사실 하나만으로도 불량소년으로 낙인찍히기에 충분했다.

집에 돌아와서 오빠는 아버지에게 죽지 않을 만큼 흠씬 두들겨 맞았다. 아버지는 당시 건축 청부업자로 많은 인부들을 데리고 공사 현장에서 일했다. 오빠는 벌로 아버지를 따라 공사장에 가서 일해야 했다. 그 기간에 오빠는 잠시 휴학하고 낮에는 아버지를 따라 공사 현장에 나가고 밤에는 독학하며 고등학교 입학을 위한 검정고시를 준비했다.

사건이 터진 날, 저녁 먹을 시간이 되도록 오빠는 집에 돌아오지 않았다. 어머니는 이상하다며 그날 함께 일하러 갔던 삼촌에게 물었다. 삼촌은 점심때까지는 봤는데 그 이후에는 못 본 것 같다면서 먼저 집에 간 줄 알았다고 대답했다. 시간이 한참 지났는데도 오빠는 돌아오지 않았다. 뭔가 잘못되었다고 생각한 어른들은 오빠를 찾으러 공사장에 갔다. 그리고 아직 완공되지 않은 승강기 통로에서 실족해 추락한 오빠를 발견했다.

혼란스러웠던 그날 밤을 영원히 잊을 수 없다. 구급차가 공사장에 도착하자 모두들 너 나 할 것 없이 우르르 달려들어 오빠를 들어 올려 구급차에 실었다. 내가 부축한 곳은 오빠의 후두부였다. 물컹한 촉감이 느껴졌다. 오빠가 구급차에 실린 뒤 나는 무의식적으로 내 후두부를 만져보았다. 딱딱했다. 왜 오빠의 후두부에서 이상한 촉감이 느껴졌을까? 병원에 도착한 우리 가족은 초초한 마음에 어찌할 바를 몰라 허둥대며 응급실 밖에서 기다렸다. 어머니는 나와 언니, 남동생을 병원 현관 밖으로 데리고 나가 오빠를 살려달라고 천지신명께 울면서 매달렸다.

응급실에 들어가는 오빠의 얼굴은 마치 잠을 자는 것 같았다. 하지만 다시는 깨지 않을 잠이었다. 오빠는 이렇게 영원히 우리를 떠났다.

아버지는 극심한 자책감으로 거의 무너지는 것 같았다. 하지만 손윗사람이 손아래 사람을 위해 울지 않는 것이 타이완의 전통문화다. 주변 사람들도 아버지를 자제시켰다. 복받치는 슬픔을 삼키는 아버지의 모습을 보는 내 마음은 찢어졌다.

대학 수능시험에서 나는 충분히 의대에 갈 수 있는 점수를 받았다. 부모님도 내가 의사가 되기를 바라셨다. 하지만 난 동물학과를 선택했다. 나는 내가 의사가 되기에 적합하지 않다고 생각했다. 나에게 병원이란 너무나 가슴 아픈 곳이었기 때문이다. 결국 나는 의사가 되지 않았지만 생각지도 않게 미래의 의사들을 가르치는 선생이 되었다.

시간은 가장 좋은 진통제다. 오랜 시간이 지나자 그렇게 컸던 놀람과 두려움, 슬픔과 아픔도 서서히 가셨고, 나는 점차로 그때 그 순간을 돌아보지 않게 되었다. 아니 어쩌면 마음 아픈 지난 일을 애써 묻어버렸는지 모른다.

하지만 귀국해 교편을 잡은 첫해에 학생들을 데리고 시신의 머리 부위를 해부하려고 톱으로 절단하던 날, 집에 돌아오자 문득 그 옛날의 아픈 기억이 물밀듯이 밀려왔다.

뇌 부위를 관찰하려면 먼저 시신 스승의 정수리를 열십자 모양으로 절개해 피부, 근육, 근막을 바나나 껍질 벗기듯이 벗긴다. 정면은 눈두덩까지 벗겨내고 뒷면은 뒤통수의 대부분이 드러날 때까지 벗긴다. 대략 야구 모자를 쓸 때 모자 테두리가 닿는 위치다. 그런 다음 무명실이나 고무줄로 이 부위를 한 바퀴 감아 표시한다. 그리고 전기톱으로 한 바퀴 돌려가며 절단한다.

모두들 처음 사용해보는 전기톱이다. 톱으로 절단할 때는 치과 의사가 드릴로 이를 갈 때 나는 냄새가 온 실험실에 가득하다. 뼈 부스러기도 많이 나온다. 안전을 위해 학생들은 모두 용접할 때 쓰는 용접면 같은 안면 보호용 투명 아크릴 마스크를 써야 한다.

머리뼈(두개골頭蓋骨)를 절단하는 전기톱은 공포영화 속의 살인광이 사용하는 대형 전기톱이 아니다. 톱날의 지름이 5, 6센티미터밖에 되지 않는다. 하지만 너무 깊게 절단하다 잘못해서 뇌조직이 손상되면 이어지는 관찰에 지장을 주기 때문에 절대로 직접 톱질해 절단하지 않고 톱으로 먼저 머리뼈를 따라 한 바퀴 골을 낸 다음 조심스럽게 그 골을 뚫어 머리뼈를 절단한다. 그리고 밥그릇을 들어서 내리듯 분리된 머리뼈를 들어 내린다.

머리뼈는 매우 견고하다. 그 아래에는 머리뼈에 단단하게 붙어 있는 뇌경질막腦硬質膜이 있다. 그래서 머리뼈를 밥그릇처럼 들어 내리려면 큰 힘을 들여야 한다. 수업 시간은 물론이고 평소에도 내 머릿속은 온통 해부 생각으로 가득하다. 그리고 어떻게 하면 학생들이 잘 관찰하도록 할 수 있을까 하는 생각에 다른 생각을 할 틈이 없다. 그런데 머리뼈 해부 수업이 있던 그날, 수업을 마치고 집으로 돌아가는 길에 불현듯 그 옛날 내가 오빠의 후두부를 부축했을 때 느꼈던 물컹한 질감이 뇌리에 떠올랐다. 머리뼈는 전기톱, 망치, 끌 같은 도구가 있어야 뚫을 수 있을 정도로 단단하다. 그런데 오빠는 도대체 얼마나 큰 충격을 받았기에 머리가 그렇게 되었을까? 오빠 일을 떠올리니 마음이 너무나 아팠다.

시간은 흘러가고, 마음의 상처도 그 흐름에 따라 아문다. 그 뒤 몇 년 동안 대뇌를 해부할 때도 나는 더 이상 마음이 크게 아프지 않았다. 하지만 그런 정신적인 아픔은 정말로 사라지는 것이 아니다. 아픔은 가끔씩, 불시에 나를 초등학교 5학년 때의 그날 밤 그 장면으로 데려간다. 이런 것이 아마 세월을 담은 그릇인 대뇌의 특별한 점일 것이다. 슬픔과 기쁨이 뒤얽힌 세월, 내가 배운 모든 지식, 온갖 생각이 머리뼈에 싸여 보호받는 이 1.5킬로그램의 부드러운 조직 안에 담겨 있다.

가죽처럼 질기고 소시지 껍질처럼 부드러워

지난 일은 잠시 제쳐두고 해부대 위로 돌아가자.

머리뼈를 열면 뇌막腦膜을 관찰할 수 있다. 뇌막은 뇌경질막, 거미막(지주막蜘蛛膜), 연질막軟質膜의 세 층으로 이루어졌는데, 모두 결합조직으로 이루어진 구조로 표면은 상피세포로 덮여 있다. 뇌경질막은 머리뼈에 단단히 붙어 있으며, 재질은 세 층의 뇌막 가운데 가장 치밀하고 질기며 가장 두껍다. 뇌경질막의 두께는 질긴 비닐봉지 정도인데 가죽만큼이나 단단하고 질기다. 뇌경질막을 절개하면 좌우의 대뇌반구가 보인다.

뇌경질막 바로 아래에 있는 것이 거미막이다. 거미막은 투명하고 얇은 막으로 연질막 방향으로 많은 그물 모양의 분지를 이루고 있어 거미줄이란 뜻으로 거미막이라고 불린다. 그 아래에는 대뇌동맥과 대뇌정맥 등과 같은 많은 대형 혈관이 있다. 연질막은 대뇌 표면에 단단히 붙어 있는 얇은 막으로, 대뇌 표면에 돌출된 대뇌회大腦回와 주름져 안으로 들어간 대뇌구大腦溝를 감싸고 있다. 이 반투명한 막 조직은 소시지를 싸고 있는 아주 얇은 껍질처럼 생겼다.

거미막과 연질막 사이에는 거미막밑공간(지주막하강蜘蛛膜下腔)이라 불리는 공간이 있다. 살아 있는 사람은 이 공간이 맑은 뇌척수액으로 가득 차 있다. 뇌척수액은 뇌 조직을 보호하고 완충 작용을 하며 노폐물을 청소하고 대사하는 역할을 한다. 시신 스승은 생체가 아니어서 뇌척수액이 없기 때문에 거미막이 무너져 내려 연질막 위를 덮고 있다. 그래서 뇌경질막을 열면 거미막과 연질막으로 덮여 있는 대뇌의 좌우 반구를 보게 된다.

뇌 부위의 질환 가운데 일반인이 가장 많이 알고 있는 것은 뇌졸중腦卒中이라고도 하는 뇌중풍腦中風이다. 뇌중풍은 뇌 부위에 혈액이 부족해서 생긴 신경 손상 증상으로, 두 종류로 나뉜다. 하나는 허혈성 뇌중풍(예컨대 뇌혈전이나 뇌색전)이고, 다른 하나는 출혈성 뇌중풍(예컨대 뇌출혈이나 지주막하 출혈)이다. 전자는 혈관이 막혀 혈류가 통하지 못해 혈관에서 멀리 떨어진 곳의 뇌세포에 혈액 공급이 원활하지 못함으로써 산소가 부족하여 괴사하는 현상이다. 후자는 혈관이 파열되어 혈류량이 부족한 데다 유출된 혈액으로 주변의 조직이 손상을 입은 현상이다.

출혈성 뇌중풍은 허혈성 뇌중풍보다 위험하다. 허혈성 뇌중풍은 제때 적절하게 처치하면 회복될 확률이 크다. 하지만 골든 타임을 놓치면 장담할 수 없는 상황에 처하게 된다. 10여 년 전 내가 아이를 낳았을 때 어머니가 화롄에 와서 내 산후조리를 도우셨다. 그런데 공교롭게도 그 시점에 아버지가 갑자기 뇌중풍으로 쓰러지셨다. 어머니는 아버지와 연락이 되지 않자 마침 퇴근 중인 동생에게 아버지를 찾아보게 했다. 아버지는 허혈성 뇌중풍으로 쓰러지셨지만 시간이 너무 오래 지체된 뒤 병원에 후송되어 뇌 조직이 부분적으로 괴사하여 신체의 왼쪽 부분을 못 쓰게 되고 말았다.

뇌중풍 가운데 그다지 심각하지 않은 것은 속칭 미니 뇌중풍 혹은 꼬마 뇌중풍이라고 하는 일과성 뇌중풍이다. 일과성 뇌중풍에 걸린 환자는 한쪽 손과 발, 혹은 얼굴 부위가 갑자기 마비

되어 말을 듣지 않거나, 시력이 갑자가 흐려지거나 심지어 보이지 않게 되거나, 갑자기 말을 똑똑히 하지 못하거나 아예 말을 못하게 된다. 다행히 영향을 받는 영역이 작아서 보통 스물네 시간 안에 정상을 회복한다. 하지만 이런 현상은 심각한 뇌중풍의 전조 증상일 수도 있으므로 경각심을 가져야 한다.

용골龍骨*의 비밀

인체에는 열두 쌍의 뇌신경이 있는데, 모두 뇌가 밀착해 있는 머리뼈바닥(두개저頭蓋低) 쪽에 위치하기 때문에 뇌를 다 들어올려야 관찰할 수 있다. 뇌는 해부학에서 대뇌, 소뇌, 사이뇌(간뇌間腦), 중간뇌(중뇌中腦), 다리뇌(교뇌橋腦), 숨뇌로 구분하는데, 이 뇌들은 모두 아래로 척수와 연결되어 있다. 해부할 때 뇌와 모든 척수를 온전히 들어내어 관찰하려면 열두 쌍의 뇌신경을 식별하기 전에 먼저 등 부위를 해부한다.

등의 피부를 젖힌 다음 근육을 관찰한다. 등 부위의 근육은 척주의 양쪽에 분포되어 있으며 좌우대칭이다. 가장 얕은 층의

---

* 중국인들은 척추를 '용골'이라고도 부른다.

근육은 목덜미에서 등 윗부분의 절반 부위까지 뻗어 있는 등세모근(승모근僧帽筋)이다. 이 근육은 한 쌍의 삼각형 근육으로, 시작 부위(삼각형의 아랫변 부분)는 척주이고 끝나는 부위(삼각형의 꼭지각 부분)는 어깨다. 목과 어깨가 뻐근할 때 안마를 받는 부위가 바로 등세모근이다. 등세모근 아래에는 등 아랫부분의 절반을 차지하는 넓은등근(광배근廣背筋)이 있는데, 시작 부위는 척주이고 끝나는 부위는 위팔뼈다. 광배운동을 하는 동작은 바로 이 근육을 사용하는 것이다. 얕은 층 근육인 표재근육 가운데는 어깨올림근(견갑거근肩胛擧筋), 큰마름근(대능형근大菱形筋)과 작은마름근(소능형근小菱形筋)이 있는데, 그래도 가장 뚜렷하게 드러나는 것은 등세모근과 넓은등근이다.

등 부위의 표재근육이 붙어 있는 척주 부위를 절개하고 근육을 바깥쪽으로 젖히면 깊은 층에 두 개의 척주세움근(척주기립근脊柱起立筋)이 있다. 이 두 개의 근육은 척추의 양쪽에 위치하며 등을 곧게 펴 똑바로 선 자세를 유지할 수 있게 해준다. 우리가 일반적으로 말하는 소나 돼지의 등심에 해당하는 부위가 바로 척주세움근이다.

척주세움근을 양방향으로 최대로 젖히면 그 안에 묻혀 있는 지네처럼 생긴 척추가 드러난다. 척추 가운데 부분에는 튀어나온 극돌기棘突起가 한 줄로 늘어서 있다. 극돌기의 양옆은 (활처럼 휜 추궁의) 척추뼈고리판(추궁판椎弓板)인데 갱 소gang saw로 척추뼈고리판을 자르면 척수가 드러난다. 톱으로 목뼈에서 엉치척추뼈까지 일사천리로 자른 다음 극돌기, 그리고 극돌기와 붙어 있는 척추뼈고리판을 들어내 척수를 관찰한다.

인체의 등 부위에는 서른세 개의 척추뼈가 있는데, 목뼈 일곱 개, 등뼈 열두 개, 허리뼈 다섯 개, 엉치척추뼈 다섯 개(다섯 개가 합쳐져 하나가 됨), 꼬리뼈 세 개에서 네 개(역시 합쳐져 하나가 됨)로 이루어졌다.*

대부분의 포유동물의 목뼈는 일곱 개다. 기린 역시 목이 길어도 마찬가지다(다만 목뼈 하나의 길이가 20~30센티미터나 된다). 돌고래나 고래처럼 목이 없을 것 같아 보이는 포유동물도 목뼈가 일곱 개다. 포유동물 가운데 바다소(듀공)와 나무늘보만 일곱 개가 아니다.

인체의 척주는 척수보다 길다. 척수는 1번과 2번 허리뼈에만 분포되어 있다. 척수의 끝부분에서 엉치척추뼈 사이는 여러 줄기의 가는 척수신경으로 이루어진 말총(마미馬尾)이다. 뇌막염이 의심되어 척수액을 뽑기 위해 가는 주사바늘로 허리뼈를 찌를

* 태생기 소아는 척추가 서른세 개로 구성되어 있지만 성인이 되면 다섯 개의 엉치척추뼈가 하나로 합쳐져 엉치뼈가 되고, 네 개의 꼬리뼈(미추)가 하나로 합쳐져 하나의 꼬리뼈(미골)가 되어 척추는 스물여섯 개가 된다.

때나 척수를 마취할 때 주사바늘로 3번 허리뼈 아랫부분을 찔러 넣어야 척수를 다치지 않는다.

척추를 자세히 관찰하면 각 척추뼈의 몸통과 몸통 사이에 연골 구조가 있는데, 이것이 바로 척추원반(추간판椎間板)이다. 정상적인 경우 척추원반의 크기는 위와 아래 척추뼈의 몸통과 같아 꼭 들어맞아야 한다. 속칭 디스크라고 하는 척추원반탈출증은 연골이 눌려 척추뼈의 몸통을 벗어나 돌출한 증상을 가리킨다. 연골이 돌출한 방향에 눌릴 만한 중요한 조직이 없으면 문제가 되지 않지만, 돌출한 방향이 척추뼈구멍(추공椎孔) 쪽이라면 척수를 압박하게 된다. 그러면 신경이 눌려 시큰대고 저리며 당기고 아픈 증상이 나타난다. 척추원반탈출증이 목뼈에 생기면 팔에 증상이 나타나고, 허리뼈에 생기면 다리에 증상이 나타난다.

갱 소로 시신 스승의 척추뼈 뒷부분의 절반을 들어내면 척추뼈에 둘러싸인 척추뼈구멍 중앙에 미색의 척수가 드러난 것을 볼 수 있다. 척수와 뇌는 그 조직이 매우 흡사하며 약간 딱딱한 두부와 같은 질감을 가지고 있다. 뇌와 척수는 모두 중추신경에 속한다. 척수 주위도 뇌 부위와 마찬가지로 세 겹의 뇌막이 보호하고 있다. 각각의 척추뼈 양옆으로 척추 사이 구멍이 나 있으며 이곳을 통해 좌우 한 쌍의 척수신경이 빠져나온다. 뇌와 척수를 들어내어 관찰하려면 척수신경을 모두 잘라내야 하는

데, 뇌경질막에 바짝 붙여 잘라야 들어내기 쉽다.

뇌줄기(뇌간腦幹)는 척수와 연결되어 있기 때문에 척수신경을 자르면 시신 스승의 몸에서 척수와 뇌를 함께 들어낼 수 있다.

열두 쌍의 뇌신경

하지만 이에 앞서 먼저 열두 쌍의 뇌신경을 모두 잘라내야 대뇌를 들어낼 수 있다. 이 뇌신경들은 대뇌의 바닥 부분에서 보아야 보인다. 조직을 훼손하지 않기 위해 교수들은 각 조별로 뇌를 조심스럽게 들어내는 방법을 가르쳐주며, 학생들이 확실히 구별할 수 있게 된 다음에 신경을 하나씩 자르게 한다.

고교 시절에 선생님께서 열두 쌍의 뇌신경을 외울 수 있는 주문을 가르쳐주셨다.

"후시동활삼, 외안청설, 미부설."

이마에서 후두부 방향으로 신경이 배열된 순서대로 명칭의 첫 글자를 읊은 것이다. 하지만 엄격하게 말하자면 이 주문은 무슨 특별한 연상을 통해 기억하도록 하는 것은 아니고 읽을 때 리듬감이 있어 기억하는 데 도움이 될 뿐이다. 자연계열 출신 학생들은 모두 이 주문을 외울 줄 안다.

내 동료는 집에서 이 주문을 얼마나 외워댔던지 어린아이까지 줄줄 외우고 다닌다. "후시동활삼, 외안청설, 미부설"을 외우고 다니는 아이를 보면 입가에 절로 미소가 지어진다. 이런 것을 이르러 가문의 학문이 깊고 넓다고 하는 게 아닐까?

이제 이 주문에 나오는 열두 쌍의 뇌신경을 하나씩 살펴보자. 첫째 쌍은 '후각신경'이다. 냄새를 수집하는 위치는 코안의 맨 윗부분, 즉 이마엽의 밑부분에 깔려 있는 후각로嗅覺路와 후각망울(후구嗅球)이다. 후각신경은 세포가 받아들인 냄새 신호를 후각망울에 전달하고, 다시 후각로를 통해 대뇌에 전달한다. 후각신경세포는 매우 특별한 세포다. 일반적으로 성인의 체내에 있는 신경세포는 재생되지 않는데 후각세포는 평생 동안 재생 능력을 갖는다.

다른 동물에 비해 인류의 후각은 형편없다. 예컨대 쥐의 후각은 매우 발달되었다. 이전에 쥐를 해부해본 학생들은 그 차이를 확실히 느낄 것이다. 쥐의 뇌는 길이가 2, 3센티미터 정도다. 하지만 후각망울의 크기는 2, 3밀리미터나 된다. 사람의 뇌는 이마엽에서 뒤통수엽(후두엽後頭葉)까지의 길이가 약 16센티미터나 될 만큼 크다. 하지만 후각망울은 1센티미터밖에 되지 않는다. 비율로 따지자면 쥐보다도 못하다.

뇌를 약간 들어 올리면 두 번째 뇌신경 쌍인 '시신경'이 보인다. 시신경에 들어 있는 시신경 섬유는 망막에서 수집한 정보를 뇌에 보낸다. 시신경이 손상되면 시력이 나빠지거나 심지어 실명에 이른다. 세 번째 뇌신경 쌍은 '눈돌림신경(동안신경動眼神經)'이다. 이름에서 알 수 있듯이 눈돌림신경은 눈 주위의 근육을 지배하는 신경이다. 눈돌림신경이 손상되면 눈알을 정상적으로 움직일 수 없고 눈동자를 정상적으로 수축할 수 없게 된다.

네 번째 뇌신경 쌍은 '도르래신경(활차신경滑車神經)'이다. 도르래신경은 안구 운동을 관장하는 신경으로 안구위빗근(안구상사근上斜筋)을 지배한다. 뇌신경 가운데 가장 가는 한 쌍으로, 손상되면 눈알을 아래쪽이나 바깥쪽으로 향하게 하는 능력을 잃게 된다.

다섯 번째 뇌신경 쌍은 '삼차三叉신경'이다. 삼차신경은 가장 큰 뇌신경이다. 삼지창이란 뜻의 삼차신경이라고 이름 붙인 까닭은 이 신경의 앞 가장자리에서 눈신경(안신경眼神經), 위턱신경(상악신경上顎神經), 아래턱신경(하악신경下顎神經)의 세 개로 분지되기 때문이다. 삼차신경은 근육을 통제하는 운동신경이자 감각신경이다. 이 신경들의 말단이 피부에까지 나와 얼굴 피부의 감각을 담당한다. 얼굴의 촉각과 통각은 모두 삼차신경과 관계있는데 심지어 치통을 느끼는 것도 삼차신경이 담당하는 범위다. 치과의사가 근관根管 치료를 하면서 신경을 제거하는데, 이때 제거하는 것이 삼차신경의 말단 부분이다.

여섯 번째 뇌신경 쌍은 '갓돌림신경(외전신경外轉神經)'이다. 갓돌림신경은 운동신경으로, 눈알을 바깥쪽으로 향하게 하는 근육인 가쪽곧은근(외직근外直筋)을 지배한다. 손상되면 눈알을 양쪽으로 움직일 수 없게 된다.

일곱 번째 뇌신경 쌍은 '얼굴신경'이다. 얼굴신경에 대해서는 〈여덟 번째 수업. 당신의 얼굴—안면 해부〉에서 자세히 설명했다. 이 신경도 운동신경섬유와 감각신경섬유를 겸비하고 있다. 얼굴신경은 뇌줄기에서 나와 얼굴 전체에 퍼져 있으며 표정근, 미각, 눈물샘, 침샘 등을 통제한다. 이 신경이 손상되면 입이 비뚤어지고 눈이 사시가 되며 자연스러운 웃음을 짓지 못하게 된다.

여덟 번째 뇌신경 쌍은 속칭 속귀신경(청신경聽神經)이라고 하는 '전정와우신경前庭蝸牛神經', 즉 내이신경內耳神經이다. 전정와우신경은 안뜰신경(전정신경前庭神經)과 달팽이관신경(와우신경蝸牛神經)의 두 분지가 있는데, 전자는 몸의 균형감각에 관여하고 후자는 청각에 관여한다.

아홉 번째 뇌신경 쌍은 '혀인두신경(설인신경舌咽神經)'이다. 혀인두신경의 운동섬유는 인후 근육을 관장하고, 감각섬유는 혀 뒤쪽 3분의 1의 미각과 목구멍의 감각을 담당한다.

열 번째 뇌신경 쌍은 '미주신경'이다. 관이 아주 넓은 이 신경은 〈세 번째 수업. 폐부에서 우러나온 경탄—가슴안 해부〉에서 살펴본 것처럼 신경 가운데서 가장 길고 넓게 분포한 한 쌍의 신경으로, 운동신경섬유와 감각신경섬유를 가지고 있으며 내장 대부분의 운동과 감각 그리고 분비선의 분비를 지배한다.

열한 번째 뇌신경 쌍은 '더부신경(부신경副神經)'이다. 더부신경은 운동신경으로 목의 목빗근(흉쇄유돌근胸鎖乳突筋)과 등의 등세모근을 지배한다.

열두 번째 뇌신경 쌍은 '혀밑신경(설하신경舌下神經)'이다. 혀밑신경은 혀의 근육을 지배한다.

이 열두 쌍의 신경을 하나하나 식별한 다음 머리뼈바닥에서 잘라내야 뇌를 들어낼 수 있다.

사고하는 목면두부

사람의 뇌는 1.5킬로그램 정도이며 마치 목면두부처럼 연한 재질로 되어 있다. 뇌의 위를 덮고 있는 거미막과 연질막에는 혈관이 가득 퍼져 있다. 해부할 때 거미막을 벗겨내면 표면이 울퉁불퉁한 대뇌를 관찰할 수 있다. 주름져 안으로 움푹 들어간 부분을 대뇌구라 하고 돌출된 부분을 대뇌회라 한다.

뇌는 전뇌(앞뇌. 대뇌와 사이뇌 포함), 중간뇌, 후뇌(뒷뇌. 다리뇌, 숨뇌, 소뇌)로 나뉜다.

대뇌는 뇌 부위에서 가장 많은 부분을 차지하며 좌우 두 개의 반구로 나뉜다. 이 반구들은 뇌들보(뇌량腦梁)라고 하는 백질白質로 연결되어 있다. 대뇌의 대뇌종렬大腦縱裂*을 따라 한가운데를 자르면 대뇌반구 안에 있는 활모양의 구조를 볼 수 있는데 이것이 바로 뇌들보다. 만약 귀 부분에서 가로로 자른다면 뇌들보와 좌우 반구가 서로 연결된 것을 볼 수 있다.

대뇌 표면에는 두 개의 뚜렷한 뇌구가 있는데, 각각 '중심구'와 '외측구'다. 이 뇌구로 대뇌는 몇 개의 서로 다른 영역으로 나뉜다. 중심구의 앞부분, 외측구의 윗부분, 즉 이마뼈에 가까운 부위는 이마엽이다. 중심구의 뒷부분, 외측구의 윗부분, 즉 마루뼈(두정골頭頂骨)에 가까운 부위는 마루엽(두정엽頭頂葉)이다. 외측구 아래 양쪽 관자뼈에 가까운 부위는 관자엽(측두엽側頭葉)이다. 뒷머리 쪽에 있는 분명히 드러나지 않는 뇌구인 마루뒤통수고랑(두정후두구頭頂後頭溝)과 뒤통수앞파임(후두전절흔後頭前切痕)을 연결한 선의 뒤쪽, 즉 뒤통수에 가까운 부위가 뒤통수엽이다.

이마엽은 사고와 판단 그리고 언어 기능의 일부를 관장한다. 마루엽은 운동과 감각을 주관한다. 관자엽은 청각과 언어와 관

---

* 좌우의 대뇌반구 사이에 있는 깊은 홈. 좌우의 대뇌반구 사이는 이 대뇌종렬로 사이가 떨어져 있지만 그 밑으로는 뇌들보로 연결되어 있다.

계있다. 뒤통수엽은 시각을 관장한다.

내부 구조를 관찰하기 위해 대뇌를 각각 다른 방향에서 자른
다. 가로로, 즉 눈 쪽에서 머리의 뒷부분 방향으로 자르면 절단
면에 진한 색도 있고 옅은 색도 있다. 맨 바깥층의 약간 진한 색
부분은 회백질, 즉 대뇌겉질(대뇌피질大腦皮質)로 신경세포가 모인
곳이다. 가운데의 비교적 흰색을 띠는 부분은 백질, 즉 대뇌속
질(대뇌수질大腦髓質)로 신경섬유가 모인 곳이다.

대뇌의 가운데에 진한 커피색 부위가 많은데, 이 역시 신경세
포가 모인 곳으로 '핵부核部(핵이 위치한 부위)'라고 한다. 신경해부
학자들은 이 핵부의 모양에 따라 편도체扁桃體, 렌즈핵, 꼬리핵
(미상핵尾狀核)과 같은 이름을 붙였다.

이 시점쯤 해서 학생들은 큰 도전에 직면한다. 각각 다른 절개
면에서 진한 색깔을 띠는 영역들, 예컨대 바닥핵(기저핵基底核), 편
도체, 해마海馬 등을 식별하는 연습을 해야 한다. 바닥핵은 그 이
름대로 대뇌의 바닥 깊은 곳에 위치하며 주로 렌즈핵과 꼬리핵
으로 이루어졌다. 렌즈핵과 꼬리핵을 합해 줄무늬체(선조체線條體)
라고 하는데 자율 반응과 근육긴장筋肉緊張*을 통제하여 골격근,

---

* 근육이 일종의 수축 상태를 지속하는 일. 예컨대 골격근과 항문조임근 같은 근육은 항
상 긴장 상태로 머물러 있다. 동물이 다양한 자세를 취하고 내장의 여러 기관이 언제나
알맞은 장력 상태를 지속할 수 있는 것은 근육긴장 때문이다.

즉 맘대로근이 정교하게 움직이도록 한다. 꼬리핵의 꼬리 부분에 있는 편도체는 정서와 내장의 반응을 관장하여 돌발 상황에 처했을 때 싸울 것인지 도망할 것인지를 결정할 수 있게 한다.

대뇌의 관자엽 깊은 곳에 해마라고 하는 활모양의 구조 한 쌍이 있는데, 기억력을 관장하는 역할을 한다. 해마가 손상된 사람은 기억력에 문제가 생긴다. 속칭 '노인성 치매'라고 하는 알츠하이머병은 물론 대뇌의 여러 부위에 문제가 있지만 주로 해마에 병변이 생긴 것으로 볼 수 있다. 예컨대 아밀로이드 반斑*이 대뇌겉질과 해마 주위에 쌓여 신경 변이를 유발하여 환자의 기억력을 심하게 감퇴시킨다. 환자는 병세가 심해지면 일상생활조차 스스로 처리하지 못하게 된다. 예컨대 미국 영화 〈스틸 앨리스Still Alice〉**의 주인공이 알츠하이머병에 걸리는데, 초기에는 건망증과 길을 잃는 현상이 나타나지만, 나중에는 화를 잘 내고 대소변을 잘 못 가리는 증상 등이 나타난다.

일부 시신 스승의 병력을 보면 생전에 뇌 부위의 질병이 있다고 진단 받은 기록이 있다. 하지만 해부대 위에서 육안으로는

---

* amyloid plaques. 치매 환자 뇌에서 특징적으로 발견되는 첫 번째 병변. 치매 유발 독성 단백질인 아밀로이드베타와 C단 단백질이 축적돼 있으며 이 단백질의 축적은 세포 사멸을 증가시켜 치매가 발병된다.

** 50세에 조발성 알츠하이머병에 걸려 기억을 잃어가지만 스스로를 잃지 않았던 여성의 이야기.

그 단서를 찾기 어렵다. 결국 신경세포와 관련된 병변病變은 현미경을 통해서만 찾아낼 수 있다.

하지만 뇌종양은 해부대 위에서도 뚜렷이 볼 수 있는 뇌 부위의 이상 증상이다. 뇌종양은 원발성原發性 뇌종양일 수도 있고, 다른 부위의 암이 전이되어 만들어진 전이성 뇌종양일 수도 있다. 대부분의 시신 스승을 사망에 이르게 한 병인은 암이다. 암세포가 대뇌나 뇌막에 전이된 경우를 본 적이 있는데, 외관상으로도 단단한 덩어리를 식별할 수 있었다. 어떤 뇌종양은 엄청 크다. 뇌종양이 자라 한 쪽 가쪽뇌실(측뇌실側腦室)을 눌러 아주 작아진 경우를 본 적 있다. 좌우의 뇌반구에 대칭으로 들어 있는 두 개의 가쪽뇌실은 크기가 거의 같다. 그런데 그 시신 스승의 경우는 그 크기가 완전히 달랐다. 이렇게 큰 종양은 주변의 뇌 조직을 눌러 그 영역이 담당하고 있는 기능을 못 쓰게 만든다. 사지에 힘이 없거나 말을 제대로 못하는 증상이 그 대표적인 예다.

핵부는 사이뇌에도 있다. 사이뇌 안에 두 개의 중요한 핵부가 모이는 곳이 있는데, 하나는 시상視床이고 또 하나는 시상하부視床下部다. 시상은 감각 정보(시각, 청각, 촉각, 후각, 통각, 요의尿意 등)를 척수, 뇌줄기, 소뇌 등을 통해 대뇌에 전달하는 환승역이다. 시상하부는 체온과 내분비를 조절하는 중추 역할을 한다.

머릿속 깊은 곳에서는

진화론의 각도에서 보자면 고도의 추리 능력과 학습 능력을 가진 새겉질(신피질新皮質. 대뇌 표층에 있는 굵은 주름을 가진 골)이 가장 마지막으로 진화했다. 뇌의 깊은 곳에 있는 해마, 띠이랑(대상회帶狀回), 편도체, 시상, 시상하부 등은 진화된 역사가 상당히 오래된 원시의 옛겉질(구피질舊皮質)이다. 이 옛겉질은 둘레계통(대뇌변연계大腦邊緣系)이라고 부른다. 인류의 새겉질이 다른 동물보다 복잡하게 발달한 덕분에 인류는 가장 총명한 동물이 되었다. 하지만 우리의 일상생활에서 일어나는 많은 반응과 정서적인 면은 둘레계통의 통제를 받는다.

옛일은 지나갔고 환경이 바뀌었다고 해도 둘레계통은 여전히 과거 우리의 정서에 강렬한 충격을 주었던 그날의 기억을 되살아나게 한다. 이 장의 앞부분에서 이야기한 오빠의 사건은 내 인생이 바뀔 정도로 매우 큰 영향을 끼쳤다. 그 일로 나는 의사가 되기에는 적합하지 않다고 생각했다. 그렇게 마음 아픈 곳에서 일할 수 없기 때문이었다.

4, 5년 전이었던가. 언니는 절친한 친구의 남자친구가 오빠와 중학교 시절에 가장 친한 친구였다는 사실을 알게 되었다. 알고 보니 내게는 대학교 몇 년 선배였다. 그 선배를 통해 오빠에 대

해 새삼 다시 알게 되었다. 소년 시절의 오빠는 총명하고 인정이 많았으며, 주견이 뚜렷하여 절대복종을 요구하는 선생님들을 머리 아프게 만든 사람이었다. 오빠 친구를 만나 이야기를 나눈 날, 비록 서로 오랫동안 입을 다물고 있었지만 식구들이나 오빠의 친구들이나 모두 오빠를 잊지 않고 그리워하고 있었다는 사실을 알게 되었다.

나는 어린 시절에 '교사'라는 직업에 대해 혼란스런 감정이 있었다. 오빠의 선생님은 오빠를 '불량소년'으로 낙인찍은 뒤 조금도 오빠를 이해하거나 도우려고 하지 않았다. 그리고 당시 우리 학교 선생님들은 손가락질하듯이 내 친구들에게 말했다.

"쟤네 오빠는 담배 피우는 아이야."

그 또래의 어린아이들에게 학교 선생님의 말 한마디는 큰 영향을 미친다. 그때 나는 마음에 큰 상처를 받았다.

물론 지금까지 살아오면서 좋은 선생님을 더 많이 만났다. 그분들은 진지하고 열성적이며 따뜻했다. 그런 선생님들께 감사드린다. 이제 나도 다른 사람을 가르치는 선생이 되었다. 나의 뇌리에 새겨진 옛이야기는 마음을 아프게 했든 감사한 것이었든 나에게 특별한 체험을 하게 해주었다. 내 역할이 무엇인지를 생각하게 해주었고, 주어진 이 직분을 소중히 여겨야 한다는 깨달음을 가져다주었다. 나는 진지하고 열성적이며 따뜻한 스승이 되고 싶다. 내가 가르치고 있는 학생들은 철없는 어린아이가 아니라 성품과 지혜가 어느 정도 성숙한 큰 아이들이지만 여전히 보살핌을 받아야 할 학생들이다. 스승과 제자 사이에는 지식을 뛰어넘어 서로 영향을 미치는 상호작용이 있다고 생각한다.

오랜 세월 해부학을 가르치면서 많은 학생들이 '살아 있는 스승'은 말할 것도 없고 시신 스승의 영향을 많이 받는 것을 내 눈으로 직접 보았다. 학생들은 시신 스승의 몸에서 전문 지식만 배우는 것이 아니라 인정과 크고 넓은 사랑을 함께 배운다.

때로는 내가 잘못하고 있지는 않은지 두렵다. 나는 내 스스로에 대한 기대는 물론이고, 나와 인연이 있어 만나게 된 학생들의 기대에 어긋나지 않도록 최선을 다할 것이다.

작별인사

열 번째 수업: 봉합

안녕이라고 말해야 할 순간이 왔다.

의대 3학년의 해부학 수업은 18주 동안 진행된다. 그중 수업이 시작되는 첫 주부터 17주째까지는 손에 땀을 쥘 정도로 긴박하게 진행되는 정규 수업 시간이고, 마지막 일주일은 시신 스승을 봉합하고 실험실을 깨끗이 청소하는 일을 포함한 마무리와 뒤처리 시간이다.

17주 동안의 실험 수업 동안 시신 스승의 몸에서 적출한 장기들은 관찰을 마친 뒤 젖은 흰 천에 싸 보관 통에 넣는다. 그리고 마지막 주에 학생들은 이 장기들을 모두 원래의 위치에 되돌려 놓아야 한다. 잘라낸 혈관이나 적출한 구조들도 모두 원래의 위치에 되돌려놓아야 한다.

그리고 시신 스승의 몸에 난 절개선은 관찰하기 위해 불가피하게 절개한 것이든 아니면 실수로 절개한 것이든 모두 봉합해야 한다. 봉합할 때는 아무렇게나 대충 하지 않고 반드시 깔끔하고 예쁘게 해야 한다. 봉합이 끝나면 교수들이 검사한다. 규정대로 하지 않은 학생들은 잘라내고 다시 봉합해야 한다. 시신 스승들이 살과 뼈가 산산조각이 난 모습이 아닌 존엄스럽고 온전한 모습으로 떠나기를 바라기 때문이다.

이어 해부대와 실험실을 깨끗이 청소한다. 물론 매번 수업이 끝날 때마다 실험실을 깨끗이 정리하도록 엄격하게 요구하지만 인체에는 많은 지방이 있어서 해부대 위에 잔여 지방이 묻을 수 있다. 그래서 마지막 주에 세척제로 깨끗이 청소하고 꼼꼼히 왁스를 칠하게 한다. 실험실의 무영등無影燈(수술실에서 사용하는 원반형 조명등), 통풍구(휘발하는 포르말린을 내보내는 환기 구멍)의 망과 블라인드 등도 모두 깨끗이 청소한다. 이렇게 잘 관리해서 그런지 우리 학교 실험실은 20년이나 썼는데도 여전히 새것처럼 반질반질하고 깨끗하다.

마지막 주가 되면 학생들의 마음은 대부분 복잡하다. 고생스럽고 힘든 과목을 잘 견뎌냈다는 마음에 한숨 돌리기도 하지만, 한 학기 내내 함께한 시신 스승과 헤어져야 하기 때문이다.

스트레스 큰 18주의 시련

육안해부학은 부담이 엄청난 과목이다. 시신 스승의 몸을 교재 삼아 집중해서 공부해야 할 뿐만 아니라 살아 있는 스승들의 요구도 매우 높다. 앞으로 이 과목을 수강해야 할 학생들이 육안해부학의 '육' 자만 들어도 겁이 덜컥 나는, 의대에서도 악명 높은 과목이다.

해부학은 자기 손으로 직접 해보는 것을 중시하는 과목으로, 어떤 면에서 보면 도제식 교육이다. 살아 있는 스승들은 학생들을 데리고 영역별로 친히 해부를 가르치고, 시신 스승은 아낌없이 헌신하여 시범 대상이 되어 몸소 가르치기 때문이다. 이런 독특하고 밀접한 사제관계는 아마도 이 과목에서만 체험할 수 있을 것이다.

츠지 대학 의대에서는 이 과목을 특별히 중시하는 터라 학과의 담당 교수들은 하나같이 엄하고 무섭다. 수업 시간에는 마치 옛날 성질 더러운 장인들이 도제를 가르치는 것처럼 욕설이 끊이지 않는다.

"이것들이 정말! 실컷 잘못 자르지 말라고 말했는데 또 잘못 잘랐어. 도대체 무슨 짓을 하고 자빠진 거야!"

"그렇게 하면 망치잖아! 니들은 도저히 안 되겠어."

"아니, 해부도 안 보고 들어왔어?"

대부분의 의대생은 어릴 때부터 공부 잘하고, 집에서 금이야 옥이야 키운 자랑스러운 영재들로 여태 한 번도 이렇게 심한 말을 들어본 적이 없는 아이들이다. 이런 아이들에게 이런 교육은 일종의 충격 교육이라 할 수 있다. 이 아이들이 총명하긴 하지만 인체의 복잡다단함에 비하면 작은 총명에 지나지 않는다. 인체는 경기병輕騎兵으로는 절대로 통과할 수 없는 관문이다. 실험실에서 며칠 동안 분투노력해도 지지부진 성과가 나지 않는 것은 예삿일이다. 그뿐만이 아니다. 이 과목은 학생들이 이전에는 경험해본 적이 없을 정도로 시험도 많고 문제도 어렵다.

2학년 여름방학이 끝나고 3학년 교과과정을 시작하기 전에 먼저 골학骨學과 근육학 시험을 치른다. 여름방학 동안 미리 공부해서 자신감을 심은 뒤 해부를 시작하라는 압박에 다름 아니다. 학기가 시작된 뒤에는 더 처절한 싸움이 기다리고 있다. 한 학기에 18주 수업을 하는데, 시험을 다섯 차례나 봐야 한다. 대략 3, 4주에 한 번 꼴이다.

육안해부학 시험은 독특하다. 필기시험은 기본이고, 러닝머신 달리기도 해야 한다. '러닝머신 달리기'란 시신 스승의 몸에서 출제하는 방식을 말한다. 시신 스승의 특정 구조의 한쪽 끝을 낚싯줄로 묶고, 낚싯줄의 다른 끝은 아크릴로 만든 번호판에

묶는다. 번호판은 문제 번호고 낚싯줄로 묶은 구조는 시험문제다. 낚싯줄로 묶기 어려운 구조는 다른 방법을 찾아 표시한다. 예컨대 대뇌나 콩팥을 절개하고 나면 그 가운데 있는 조직들은 낚싯줄로 묶을 수가 없다. 이런 경우 구슬핀을 꽂아 표시한다.

츠지 대학교 의대의 육안해부학 과목에서는 매 학기 열두 분의 시신 스승을 모신다. 각 조는 수업 시간에 고정적으로 한 분의 시신 스승을 해부한다. 하지만 시험 때는 시험문제를 열두 분의 시신 스승의 몸에서 고르게 출제하기 때문에 학생들은 다른 조의 해부대를 옮겨 다니며 답해야 한다. 매 문제의 제한 시간이 되면 순서에 따라 다음 해부대로 이동해야 한다. 해부대 사이를 뛰어다닌다고 해서 '러닝머신 달리기'라고 하는 것이다. 서로 다른 시신 스승의 몸에서 시험문제를 출제해야 학생들의 실력을 제대로 평가할 수 있다. 각 조의 시신 스승들은 체형이 서로 다르기 때문에 조별로 해부의 완성도에 조금씩 차이가 생길 수 있다. 학생들은 자신의 시신 스승에게 익힌 '익숙한 감각'만 믿고 답하면 안 된다. 반드시 구조를 충분히 이해해야 정확한 판단을 내릴 수 있다.

우리 교수들은 시험 출제 때마다 심사숙고한다. 학생들이 중요한 부분을 놓치지 않도록 해주는 문제여야 하고, 논란을 제기할 수 있는 문제가 아니어야 한다. 그래서 출제 때마다 많은 시간을 들여 시험문제로 출제할 구조를 명확하게 해부하고, 출제한 문제 주위에 중요한 지표가 될 만한 구조도 해부해 함께 출제한다. 나도 실험실에서 밤늦게까지 출제한 적이 여러 번 있다. 어느 날 밤이었던가, 마침 한 매체에서 기록영화를 찍으러 왔다가 나 혼자 실험실에서 시신 스승의 몸에 낚싯줄을 묶고 구슬핀을 꽂고 있는 것을 본 기자가 물었다.

"교수님, 무섭지 않으세요?"

나는 실소를 금할 수 없었다. 육안해부학을 가르친 지 십수 년, 이런 일들은 다반사다. 나는 한 번도 무서워한 적이 없다. 시신 스승들은 나의 동료가 아닌가. 묵묵히 나를 지지해주고 끝까지 나와 함께 가는 동료인데 무엇이 무서울까.

우리는 시신 스승과 있을 때 마음이 편안하다. 정서상 충격이 있는 경우는 아마도 출제를 해놨는데 학생들이 부주의하게 중요한 구조를 망쳐놓았을 때일 것이다. 그런 때는 화가 머리끝까지 치밀어 오른다. 이런 상황에 부딪치면 일부러 더 어려운 문제를 출제한다. 일종의 경고인 셈이다.

츠지 대학교의 또 하나의 특색은 러닝머신 달리기 하루 전에 먼저 구술시험을 치르는 것이다. 학생들에게 사전에 엄청나게 긴 목록을 나눠준다. 예컨대 팔에 반드시 해부해야 할 구조가 400개라면 한 개 조 다섯 명의 조원이 각각 80개를 책임지고 설명해야 한다. 학생들은 시신 스승의 몸에서 목록에 적힌 구조를 일일이 지적하며 설명해야 한다. 교수는 학생들이 해부한 모든 구조를 점검하는 동시에, 학생들의 설명에서 그들이 준비한 상황과 이해한 정도를 파악하고 학생들이 구조를 잘못 알고 있는 것은 아닌지 확인한다. 학생들이 요행을 바라는 마음으로 자기가 맡은 부분만 공부하는 일이 없도록 사전에 구술시험 범위를 알려주지 않고 시험 당일에 현장에서 제비뽑기로 정한다. 그래서 학생들은 반드시 이 잡듯이 샅샅이 공부해야지, 소가 뒷걸음 칠 치다 쥐를 잡는 요행수를 바라고 예상 문제를 찍으면 안 된다. 게다가 구술시험 사이사이에 시험 주관 교수가 끊임없이 질문 공세를 펴니, 그야말로 스트레스가 엄청난 시험이라고 할 수 있다.

이런 구술시험에는 많은 시간이 소요된다. 두 개조 시험에만도 네 시간이 걸린다. 내가 알기로 다른 학교의 의대에는 이런 제도가 없다. 우리 학교는 원래부터 해부 과목을 중시했다. 여덟 분의 해부학 교수가 기꺼이 열과 성을 다해 학생들을 지도한다. 모두들 시간이 많이 소요되는 것은 걱정하지 않는다. 학생들이 확실히 이해하지 못하고 넘어갈까봐 우려할 뿐이다.

구술시험 다음 날 해부학 시험의 압권인 러닝머신 달리기에 들어간다. 러닝머신 달리기는 한 자리에서 천천히 궁리할 만한 충분한 시간을 주지 않는다. 엄격한 시간제한이 있다. 보통 한 문제의 제한 시간은 35~40초다. 시간이 되어 버저가 울리면 답을 했든 안 했든 무조건 다음 해부대로 이동해야 한다. 학생들은 고도의 긴장과 흥분 속에서 시험을 치른다.

우리 학교에서는 평소 해부 수업에 앞서 잠깐의 묵념 의식을 가진다. 러닝머신 달리기를 하는 날도 예외가 아니다. 학생들은 평상시 수업 시작 전에 하던 묵념보다 시험 전에 훨씬 경건한 마음으로 묵념한다. 마치 막 이사 온 사람이 동네 유지들을 찾아뵙고 앞으로 잘 부탁한다고 인사하는 것 같다. 모든 시신 스승의 몸에서 고르게 시험문제를 출제하기 때문에 어떤 학생들은 시험을 마치고 정리 정돈을 한 뒤 자기 조의 시신 스승은 물론이고 모든 시신 스승에게 가서 묵념을 하기도 한다. 그런 모습을 보면 흐뭇하다.

학생들이 엄청난 스트레스를 받는 것을 보면 불쌍하다는 생각도 든다. 하지만 앞으로 이 아이들이 내과, 외과, 산부인과, 소아과, 응급의학과에 가게 된다면 항상 분초를 다투는 상황에 직면하게 되므로 지금부터 스트레스 속에서 결정하는 것을 배우고 연습해야 한다. 이 아이들을 위해, 그리고 이 아이들과 만나게 될 미래의 환자를 위해 우리 살아 있는 스승들은 인정사정 봐주지 않고 매섭고 엄하게 한다.

매섭고 엄한 교육이 명의를 길러낸다

　어떤 학교 의과대학의 육안 해부 실험은 조교나 박사과정 대학원생이 지도하지만 우리 학교에서는 교수들이 직접 나서 지도한다. 교수 한 사람이 두 개조를 지도하면서 해부해야 할 구조를 모두 해부하고, 찾아야 할 (근육, 혈관, 신경의) 시작점과 끝나는 점을 모두 찾아내며 교과서 상의 지식을 시신 스승의 몸 위에서 일일이 실증한다.

　어떤 때는 우리 교수들이 중·고등학교 교사가 아닌가 하는 생각을 할 때도 있다. 학기 내내 주말을 빼고는 거의 매일 학생들과 시간을 보낸다. 평소에는 학생들을 밀착 지도하고, 시험이 끝나면 시험에서 제 실력을 충분히 발휘하지 못한 학생들과 면담 날짜를 잡는다. 학생들이 받는 스트레스도 크고 우리 교수들이 느끼는 압박감도 작지 않다.

　그래도 우리 교수들은 끝까지 학생들과 함께하기를 원한다. 어떤 교수는 주말을 희생하면서까지 학생들과 면담하고 학생들의 질의에 답해준다. 그렇게 하는 이유는 단순하다. 스스로에게 "앞으로 이 아이들이 의사가 되었을 때 과연 내 수술이나 치료를 안심하고 맡길 수 있을까?"라고 물으면 그렇게 하는 이유가 분명해진다. 우리 일은 돌팔이 의사들을 찍어내는 것이 아니라 미래의 명의를 길러내는 것이다. 이런 기준으로 가르치기 때문에 학생들에게 매섭고 엄하게 하지 않을 수 없다.

저 출산 추세가 계속되고 설상가상으로 수업 평가라는 압박까지 겹치자 일부 대학에서는 학생들을 '고객'으로 여기고 학생들의 기분을 상하게 할까봐 눈치를 보며 조심한다. 그러나 우리 학교의 교수들은 수업 시간이나 시험 시간에 손아래 정을 두지 않는다. 지금까지 오랜 기간 동안 지나치게 엄하다는 이유로 학생들이 우리 교수들을 골탕 먹이려고 수업 평가에서 고의로 나쁘게 평가한 적이 없다. 교수들이 이렇게 매섭게 하는 것은 모두 자신들에 대한 기대가 크기 때문이라는 사실을 학생들도 알고 있는 것이다. 그리고 앞으로 자신들이 살아가야 할 삶의 터전이 실수를 용납하지 않는 세계라는 사실을 똑똑히 알고 있는 것이다. 사람의 목숨이 달린 중차대한 일인데 어찌 소홀함이 용납되겠는가.

상당수 학생들은 교수들과 가깝게 지낸다. 육안해부학을 수강한 학생들 가운데 많은 학생이 명절이 되면 카드를 보낸다.

"선생님께 심하게 야단맞던 날들이 그립습니다."

이렇게 쓰긴 했지만 그리움은 어디까지나 그리움일 뿐이고, 한 번 더 듣고 싶지 않느냐고 물으면 모두들 고개를 절레절레 흔들며 단칼에 자른다.

"싫어요!"

대학 3학년 때 수강해야 하는 이 과목은 남학생들에게는 군대와 같은 존재가 아닐까? 제대하고 나면 약간의 거짓말까지 보태 군대 이야기를 하며 시간 가는 줄 모르지만 다시는 가고 싶지 않은 곳이 아닌가.

과학적이지 않은 스승과 제자의 정

츠지 대학교 의대 학생들은 살아 있는 스승들과 특별히 가깝게 지낼 뿐만 아니라 신기하게도 학생들과 시신 스승과의 사이에도 미묘한 '스승과 제자의 정'이 흐른다.

의대생들은 과학을 공부하는 사람으로, 모두들 시신 스승들이 이미 세상을 떠나 지각을 가지고 있지 않다는 사실을 익히 알 만큼 충분히 총명하고 이성적인 사람들이다. 그런데 감정 면에서는 그렇지 않은 것 같다. 학생들은 시신 스승을 더불어 '소통'할 수 있는 대상으로 본다.

우리 학교에서는 해부 수업을 시작하기에 앞서 1분 정도 묵념 의식을 가진다. 그동안 학생들이 묵념할 때 무슨 생각을 하는지 알 수 없었다. 그런데 어느 해인가 영혼을 제도濟度하는 의식을 거행한 날의 감사 추모 행사(이때 학생들은 음악, 연극, 노래 등 프로그램을 준비하여 시신 스승과 그 가족에게 감사의 뜻을 전한다)에서 어떤 조의 학생들이 토막극을 공연했는데, 극중 대사가 바로 학생들이 학기 중에 묵념한 내용들을 집대성한 것이었다. 극중에서 한 학생이 뛰어나와 말했다.

"선생님, 오늘 시험 잘 봤어요. 고맙습니다."

또 한 학생이 나와 말했다.

"선생님, 제가 잘못해서 선생님의 ×× 조직을 망가뜨렸어요. 정말 죄송합니다."

또 다른 학생이 나와 말했다.

"선생님, 우리 오늘 ×× 부위 진도 나가요. 그 부위의 구조를 쉽게 찾을 수 있게 도와주세요."

초기에는 매주 해부 수업 시간에 꽃 한 송이를 해부대에 올려놓아 시신 스승에게 바친 학생도 있었고, 해부 전에 시신 스승의 손을 꼭 잡고 대화를 나누는 학생도 있었다. 일반인들에게 죽은 사람의 손을 잡는 것은 무서운 일이고 상식적으로 생각하기 어려운 기이한 행동이다. 그런데 의학을 공부하는 사람이 그런 행동을 하다니 그다지 과학적인 짓은 아니지 않은가?

하지만 그렇게 하는 것이 나쁠 것은 없다고 생각한다. 아니 오히려 따뜻한 마음의 발로라고 생각한다. 사람이 사람인 까닭은 정이 있기 때문이다. 살아 있는 사람이 아닌 시신 스승에게 경의를 표하거나 애정을 가질 수 있다면 살아 있는 환자와는 더 큰 공감대를 형성할 수 있을 테니 말이다.

과학적이지 않은 일들은 여기에서 그치지 않는다. 꿈에 시신 스승이 나타났다는 학생들이 적지 않다. 한 학생은 공부하다 너무 피곤해서 잠이 들었는데, 꿈에 시신 스승이 나타나 일어나 정신 차리고 공부하라며 격려를 아끼지 않았다고 한다. 또 어떤 학생은 기분이 울적했는데 꿈에 시신 스승이 나타나 위로하고 용기를 북돋아주었다고 한다. 초자연적으로 보이는 이런 기이한 경험을 할 수 있는 것은 아마도 '마음에 있으니 꿈에 나타나는' 현상이 아닐까? 이런 현상은 꿈에서도 시신 스승이 나타날 정도로 츠지 대학의 학생들과 시신 스승의 관계가 친밀하다는 것을 말해준다.

우리 육안해부학 과목에는 아주 재미있는 전통이 있다. 매해 공자 탄신일이자 스승의 날인 9월 28일 전후에 학생들이 '차茶를 올리는' 의식을 거행하여 시신 스승에게 경의를 표한다. 이런 의식은 2008년에 학생들이 스승의 날에 시신 스승에게 감사하는 마음을 전하기 위해 자발적으로 생각해낸 것이다. 당시 우리 과의 교수들은 '우리의 노력이 헛되지 않았구나.' '학생들이 말 없는 좋은 스승을 선생님으로 인정하고 있구나'라고 생각하며 큰 감동을 받았다. 스승의 날에 차를 올리는 의식이 전통으로 자리 잡은 뒤, 나는 아이들이 나중에는 그저 전례에 따라 형식적으로 대충 때우지는 않을까 걱정했다. 하지만 그것은 기우였다. 학생들은 차를 올리는 의식에 정성을 다했다. 차만 준비하는 것이 아니라 시신 스승의 가족에게 전화를 해 시신 스승이 생전에 무슨 음식을 좋아했는지 물어 요구르트, 콜라, 고량주 등의 음료와 떡, 유자, 땅콩 등과 같은 주전부리도 많이 준비했다. 모두 시신 스승들이 생전에 즐기던 것들이었다.

학생들의 눈에는 이미 싸늘하게 식어 스테인리스 해부대 위에 누워 있는 시신이 단순한 '교구'가 아니라 기호와 감정을 가진 '스승'이었던 것이다.

가정방문을 했던 까닭에 학생들은 시신 스승이 어떤 분이었는지 잘 알고 있다. 이런 인연으로 학생들은 시신 스승들의 가족과 친해져 설이나 명절이 되면 서로 연락을 주고받는다. 가족들도 학생들이 공부는 열심히 하는지 밥은 잘 먹고 잠은 잘 자는지 관심을 기울인다. 어떤 가족은 시신 스승의 몸에서 이상한 점이 발견되지는 않았는지 묻기도 한다. 우리는 사전에 학생들에게 확실한 사실은 말해도 되지만 잘 알지 못하면서 추측한 내용은 말하지 말라고 거듭 당부한다.

우리가 가지고 있는 시신 스승의 병력이 정확하고 완벽하지 않을 수도 있다. 시신 스승이 만약 생전에 중상이 없었다면 쓸데없이 병원에 가 침윤성浸潤性 검사를 받지 않았을 것이다. 학생들이 입조심하지 않고 아무 말이나 다 전한다면 어떤 경우에는 시신 스승의 가족들에게 자책과 회한만 더해줄 수도 있다.

중국인에게 가족의 시신이 기증되어 '갈기갈기 찢기는 것'은 절대로 마음에서 지워지지 않는 일이다. 이런 일도 있었다. 어떤 가족이 학생에게 전화를 해 꿈에 시신 스승이 나타나 몸에 통증이 너무 심하다고 말했다고 알렸다. 학생은 달려와 혹시 해부하면서 뭔가 잘못되어 시신 스승이 가족들에게 현몽한 것은 아니냐며 불안해했다. 나는 학생을 안심시켰다.

"그건 가족들이 시신 스승을 그리워해서 그런 꿈을 꾸게 된 거랍니다. 시신은 통증을 느낄 수 없어요. 시신 스승들은 자신을 희생하는 자비심을 가지고 있어서 여러분이 공부할 수 있도록 시신 기증에 동의한 분들인데, 어떻게 가족들에게 가서 불평을 늘어놓겠어요?"

학생들이 시신 스승을 잘 알고 있으며, 시신 스승에게 인간적인 정을 가지고 있기 때문에 시신에 메스를 댈 때는 시종일관 조심스럽다. 부주의하여 잘못 절개하거나 자르는 일이 생기면 "죄송합니다"는 말이 반사적으로 튀어나온다. 이럴 경우 학생들은 더 큰 책임감을 느끼고 반드시 열심히 공부해 시신 스승의 고귀한 뜻을 저버리지 않겠다고 생각한다.

따져보면 학생들의 이런 태도는 과학적이지 못한 것이 사실이다. 하지만 이런 과학적이지 못한 면이 오히려 내겐 더 큰 감동을 가져다준다.

당신과 인연을 맺어

학기가 끝난 뒤에도 우리 살아 있는 스승들은 여전히 학교에 남아 학생들을 가르치기 때문에 학생들은 아무 때나 우리를 만날 수 있다. 하지만 시신 스승들은 영혼을 제도하는 의식을 거쳐 화장된다.

시신 스승들은 세상을 떠난 지 여러 해 되었지만 해부 실습용으로 투입되는 그 순간, 독특한 형식으로 다시 태어난다. 즉 불가에서 말하는 것처럼 '염원대로 시현示現하여' 이 인간 사회와 그리고 이 아이들과 18주간의 기묘한 인연을 맺는 것이다.*

---

* 대승불교에서는 자신과 타인을 모두 제도하는 것을 준칙으로 삼고 있다. 보살도를 행할 때 중생을 제도하겠다고 서원하고 수행하여 득도한 다음 열반에 드는 길을 택하지 않고 다시 시현하여 중생을 제도하는 것을 이르러 '승원재래乘願再來', 즉 '염원대로 다시 시현한다'고 한다. 시현示現이란 부처나 보살이 중생을 교화하기 위해 여러 가지 모습으로 몸을 변화하여 나타내는 것을 말한다.

해마다 학생들은 시신 스승들을 봉합한 뒤 진심 어린 눈물을 흘린다. 조만간에 영원한 이별의 순간이 다가온다는 것을 알기 때문이다.

봉합을 마치고 나면 혹시라도 조직액이 봉합한 곳으로 새어 나오지 않도록 시신 스승을 탄력 붕대로 싸맨다. 그리고 겨울방학 동안 그대로 보관한다. 학생들은 겨울방학이 끝나면 실험실에 돌아와 상태를 검사한다.

영혼 제도 의식을 거행하는 날, 학생들은 새벽 다섯 시면 학교에 도착해 시신 스승들에게 옷을 입히고 입관한다. 보살의菩薩衣를 입히고 면양말과 헝겊신을 신긴다. 보살의는 순백색의 면으로 만든 수수하고 깨끗한 장삼으로, 징쓰 정사靜思精舍*의 옷 만드는 공방에 상주하는 스님이 시신 스승들이 마지막 길을 장엄하고 성결하게 가기 바라는 마음으로 그들의 체격에 맞춰 공들여 만든 옷이다.

입관한 다음 학생들과 가족들이 함께 관을 들어 영구차에 모신다. 영혼 제도 의식에 참여한 모든 사람은 90도 각도로 허리 굽혀 절함으로써 최고의 감사와 경의를 표하며 시신 스승을 보낸다. 이런 장엄한 장면은 모든 사람들을 슬픔과 비탄에 잠기게

---

*   타이완의 츠지 공덕회가 1968년 화롄에 지은 정사. 정사란 불가의 수행인들이 수행하는 도량을 말한다.

한다.

시신 스승들은 화롄 지안_{吉安} 향_鄕에 있는 공공 화장터에서 화장한다. 스님이 현장에서 가족들을 인도하여 독경하고 무릎 꿇고 엎드려 절하는 의식을 행한다. 화장 의식을 거행하기 하루 전에 우리는 학생들을 인솔하여 화장터를 청소한다. 화장 의식을 거행하는 당일에 영혼 제도 의식을 치른 뒤 학생들이 강당으로 가 감사 추모 행사 예행연습을 해야 하기 때문이다.

학생들은 겨울방학 동안 시신 스승에게 보내는 편지를 써서 입관할 때 관에 넣는다. 그리고 이 편지를 손으로 베껴 써 한 부를 더 만들어 시신 스승의 가족에게 준다. 시신 스승을 화장하는 동안 성대한 감사 추모 행사를 거행한다. 이 행사에는 (해부 실험을 통해) 시신 스승에게 배운 학생들이 음악, 노래, 연극 등의 프로그램을 준비하여 한 해 동안 시신 스승과 맺었던 인연을 기념한다.* 공연하는 프로그램은 해마다 약간씩 다르긴 하지만, 대체로 학생들은 〈부처의 화신_{菩薩的化身}〉**이란 노래를 불러 시신 스승을 기린다.

---

* 타이완의 전통적인 장례의식은 고인에 대한 마지막 예우는 최고로 해야 한다는 전통에 따라 성대하게 치러진다. 수십 팀의 전통 취악대와 서양식 브라스밴드, 수십 수백 대의 꽃으로 장식한 자동차를 동원하여 화려하고 성대한 분위기로 망자의 마지막 길을 배웅한다. 최근에는 장례식에 스트립 무용단을 동원하여 공연을 한 경우도 있다.

** 이 노래의 작사자는 츠지 대학교 의대 학생 투메이즈_{塗美智}고, 작곡자는 왕젠쉰_{王建勛}이다.

조용히 감은 두 눈 마치 깊은 잠에 빠진 듯

편안한 얼굴은 다시 없이 성결하고 장엄해

육신의 병고를 묵묵히 받아들이고

과감히 자신의 몸을 내던진 당신은 부처의 화신

당신의 헌신으로 귀중한 경험을 얻었고

당신의 인도로 빛나는 인성을 체험했습니다.

이제 환자를 진심으로 보살필 것을 경건히 서원합니다.

내 모든 힘을 다하여 생명을 구하려 애쓰겠습니다.

당신은 생명의 존엄을 깨닫게 해주었고 재능을 발휘하도록 이끌
어주었습니다.

우리는 함께 신성한 전당에 들어가 사랑이 순환하도록 했습니다.

당신의 희생정신과 용기를 배우고 넓고 큰 사랑을 본받겠습니다.

우리의 마음은 늘 함께할 것입니다. 세세생생, 환생하는 세상마
다 영원히

감사합니다. 은혜에 감격했습니다. 고맙습니다. 은혜에 감동했
습니다.

고맙습니다. 은혜에 감동했습니다. 감사합니다. 은혜에 감격했
습니다.

여러 차례 들었지만 매번 학생들이 부르는 노래를 들을 때마

다 가슴이 뜨거워진다. 이 아이들이 시신 스승의 헌신과 일깨워줌을 영원히 기억하면 좋겠다. 노랫말처럼 '진심으로 환자를 보살피고, 모든 힘을 다하여 생명을 구하려 애쓰는 어진 의사가 되겠다'는 약속을 영원히 잊지 않았으면 좋겠다.

감사 추모 의식이 진행되는 동안 나는 다른 교수들과 무대 아래에 있는 내빈석에 앉아 의식을 관람하지 않고, 연출하는 학생들 그리고 진행 요원들과 함께 중앙통제실에서 조명이나 필름 상영을 돕는다. 나는 유독 눈물이 많아 학생들의 공연이나 서로 인정을 나누는 장면을 보면 흐르는 눈물을 주체할 수 없다. 그래서 일을 돕는다는 핑계로 중앙통제실에 숨는데, 아주 좋은 방법이라고 생각한다.

오후에 화장이 끝난 유골을 모셔온다. 대부분의 유골은 가족이 가져가거나 학교에 봉안한다. 학교에 봉안하는 유골 가운데 일부는 예술가인 왕샤쥔王俠軍이 제작한 정교하고 아름다운 유리 뼈단지에 담아 학교의 대사당大捨堂에 있는 감실龕室*에 봉안하여 사심 없이 공익을 위해 이바지한 시신 스승의 숭고한 정신을 기린다. 나는 우리 학교 대사당의 유리문에 레이저 빔을 분사하여 쓴 시구를 좋아한다.

---

* 불교·유교·가톨릭 등 종교에서 신위 및 작은 불상·초상, 또는 성체 등을 모셔둔 곳.

넓고 큰 사랑으로 의료에 끼친 은정 영원무궁해

한 몸 내던져 인재들을 질병의 고해 건네줄 나룻배로 길러주네

　이 두 행의 시구는 시신 스승과 학생들이 맺은 아름답고 깊은 인연이 어떤 것인지 이야기해준다. 츠지 대학교 의대 학생들이 이번 학기 육안 해부 과목에서 배운 것은 인체의 신비만이 아니라 생명을 존중하고 과감히 헌신하는 정신도 있다는 것을 나는 믿는다.

　우리 학교의 막강한 '시신 스승 진용'과 그 위에 더해진 인문학적 계발 때문인지, 우리 학교 의대 졸업생이 외과를 선택하는 비율은 다른 학교의 의대보다 높다. 외과 의사의 길은 고생스럽다. 의료 분쟁도 일어나기 쉽다. 이 아이들이 앞으로 일하면서 받을 스트레스를 생각하면 나도 모르게 마음 한구석에 말로 표현할 수 없는 아픔이 밀려온다. 하지만 이런 중요한 일에 누군가는 위험을 무릅쓰고 과감히 앞장서야 한다. 결국 자신감과 사명감을 가진 사람만이 이 가기 어려운 길을 선택하기를 원한다. 그리고 그들에게 박수갈채를 보낸다.

　과학은 인성을 떠나면 방자하고 냉혹해진다. 인문과 인정을 중시하는 분위기에서 과학 교육에 종사할 수 있어 기쁘다. 생명은 아름답고 오묘하다. 실험 자원이 풍부한 츠지 대학교에서 육

안해부학을 가르칠 수 있어 고맙다. 학생들을 가르친 지 13년이 되었지만 해마다 새로운 감동을 받는다.

의대를 선택한 아이들은 세상 사람들의 생명을 구해야겠다는 이상을 가지고 있을 것이다. 모두 초심을 잃지 않았으면 좋겠다. 자신을 아낌없이 희생하여 인재들을 질병의 고해에서 길 잃은 사람들을 건네줄 나룻배로 키우기를 원하는, 저 인정 있고 마음씨 착한 분들의 뜻을 저버리지 않기를 바란다.

| 인체 조직 명칭 |

※숫자는 해당 용어가 주로 나오는 챕터 번호입니다.